LEÇONS ÉLÉMENTAIRES

Théoriques et Pratiques

D'ARBORICULTURE

(FRUITS DE TABLE)

Comprenant : les Greffes, la Culture, la Taille et la
Restauration des Arbres fruitiers de toutes les espèces;
la désignation des meilleures variétés de Fruits pour
la vente; quelques notions d'anatomie et de physiologie végétale; et une étude sommaire des agents
naturels et artificiels de la végétation ;

OUVRAGE

Destiné aux Écoles, aux Cultivateurs et aux Jardiniers

PAR GRESSENT

*Professeur d'Arboriculture, Membre titulaire de la Société impériale et
centrale de France, et de plusieurs Sociétés savantes,
Inspecteur du Service des Plantations de la ville d'Orléans, chargé du
Cours d'arboriculture fondé par la ville d'Orléans et par le département du Loiret; de l'enseignement d'Horticulture à l'École municipale
supérieure; des Cultures arborescentes du Grand-Séminaire et de
l'Hôpital d'Orléans.*

PREMIÈRE ÉDITION

PRIX : 1 FR. 50 C.

Chez l'Auteur, 40, rue du Coq-St-Marceau, à Orléans.

On expédie franco par la poste.

Paris, Aug. Goin, Éditeur, 82, rue des Écoles.

1862.

Orléans, Imp. Colas, rue Croix-de-Bois, 21.

LEÇONS ÉLÉMENTAIRES

Théoriques et Pratiques

D'ARBORICULTURE

(FRUITS DE TABLE)

ORLÉANS, IMP. CHENU, RUE CROIX-DE-BOIS, 21.

LEÇONS ÉLÉMENTAIRES

Théoriques et Pratiques

D'ARBORICULTURE

(FRUITS DE TABLE)

Comprenant : les Greffes, la Culture, la Taille et la
Restauration des Arbres fruitiers de toutes les espèces;
la désignation des meilleures variétés de Fruits pour
la vente; quelques notions d'anatomie et de physiologie végétale; et une étude sommaire des agents
naturels et artificiels de la végétation ;

OUVRAGE

Destiné aux Écoles, aux Cultivateurs et aux Jardiniers

PAR GRESSENT

*Professeur d'Arboriculture, Membre titulaire de la Société impériale et
centrale de France, et de plusieurs Sociétés savantes,*

*Inspecteur du Service des Plantations de la ville d'Orléans, chargé du
Cours d'arboriculture fondé par la ville d'Orléans et par le département du Loiret; de l'enseignement d'Horticulture à l'École municipale
supérieure; des Cultures arborescentes du Grand-Séminaire et de
l'Hôpital d'Orléans.*

PREMIÈRE ÉDITION.

PRIX : 1 FR. 50 c.

Chez l'Auteur, 40, rue du Coq-St-Marceau, à Orléans.

On expédie *franco* par la poste.

Paris, AUG. GOIN, Éditeur, 82, rue des Écoles.

1862.

AVANT-PROPOS.

———

Depuis la publication de *l'Arboriculture fruitière*, mes auditeurs et mes lecteurs me demandent un ouvrage élémentaire à très-bas prix, afin de répandre le plus vite possible, partout et dans toutes les classes les principes de la science de l'arboriculture.

Un tel ouvrage présente de grandes difficultés; pour que son but soit atteint, il faut faire entrer dans un cadre très-restreint, assez de théorie et beaucoup de pratique. J'eusse peut-être résisté longtemps encore au désir des propriétaires, d'avoir un livre à la portée de la bourse des petits cultivateurs et des jardiniers, si plusieurs Evêques, des Préfets et une grande quantité de Maires, ne m'eussent exprimé le désir de voir mes doctrines enseignées dans les séminaires, les écoles normales, municipales, primaires, et de la doctrine chrétienne. En outre, les instituteurs me disaient

après tous mes cours : « Nous pouvons enseigner avec
« votre livre l'*Arboriculture fruitière*, mais nous n'a-
« vons rien à mettre entre les mains de nos élèves,
« faites-nous un livre élémentaire que les enfants puis-
« sent acheter. »

Devant un désir manifesté par les sommités du clergé
et des fonctionnaires, par des magistrats, des instituteurs, et par la majorité des personnes qui s'occupent
des intérêts agricoles, les difficultés comme les intérêts
personnels doivent être écartés pour faire place à l'accomplissement d'un devoir.

J'écris les *Leçons élémentaires d'arboriculture*, je mets
dans un livre de 1 fr. 50 c. tout le texte qu'il est possible
d'y faire entrer, et j'ai l'espérance que les élèves des
écoles, comme les cultivateurs, les métayers et les jardiniers trouveront dans l'étude de ce petit ouvrage théorique et surtout pratique, lumière et profit, comme
partout où notre parole s'est fait entendre, et où nos
écrits ont pénétré.

Puissent les *Leçons élémentaires d'arboriculture*, trouver au ministère de l'agriculture, dans les Evêchés, les
Préfectures, les Mairies, chez les propriétaires et les
agriculteurs le même accueil que l'*Arboriculture fruitière*.

LEÇONS ÉLÉMENTAIRES

D'ARBORICULTURE

Fruits de Table.

PREMIÈRE PARTIE.

ÉTUDES PRÉLIMINAIRES.

PREMIÈRE LEÇON.

INTRODUCTION. — ANATOMIE ET PHYSIOLOGIE
VÉGÉTALES.

INTRODUCTION.

L'arboriculture est la science de la culture des arbres.
Les arbres fruitiers convenablement cultivés, sont soumis à une forme régulière, ne laissant pas de vide sur le
mur ou le palissage contre lequel ils sont plantés. Ces
arbres se composent uniquement des branches de la
charpente, couvertes de rameaux à fruits de la base au
sommet ; ils produisent chaque année une quantité égale
de fruits de premier choix, ayant une grande valeur sur
les marchés.

Le TISSU VASCULAIRE est formé par la réunion de longs tubes ou vaisseaux se joignant et s'éloignant d'intervalles en intervalles. Ces vaisseaux sont percés d'ouvertures latérales par lesquelles ils communiquent entre eux. Les intervalles du tissu vasculaire sont remplies de tissu cellulaire.

L'élément vasculaire apparaît toujours après la formation cellulaire ; il vient envelopper ce dernier tissu et le solidifier.

Le tissu vasculaire forme toutes les parties solides des végétaux.

Les ORGANES CONSERVATEURS : la *racine*, la *tige*, les *boutons*, les *feuilles* et les *stomates*.

La RACINE se compose :

Du collet, point intermédiaire où la tige et la racine prennent naissance pour se développer en sens inverse.

Du corps ou pivot, formation première de la racine, s'enfonçant verticalement en terre et se ramifiant comme la tige.

Des radicelles, ramifications du pivot donnant naissance à une foule de petites ramifications appelées chevelu, et enfin des spongioles, amas de tissu cellulaire formant l'extrémité de toutes les radicelles.

Les spongioles sont les seuls organes absorbants des racines.

La TIGE est composée d'ORGANES EXTÉRIEURS et d'ORGANES INTÉRIEURS.

Les ORGANES EXTÉRIEURS sont les *bourgeons*, les *rameaux*, les *branches* et le *tronc*.

Le bourgeon est le premier développement de la végétation ; il prend le nom de rameau à la chute des feuilles, lorsqu'il a acquis la consistance ligneuse, le rameau devient branche lorsqu'il se ramifie à son tour ; le tronc est la partie de l'arbre qui s'élève du sol à une certaine hauteur sans se ramifier.

Les ORGANES INTÉRIEURS sont : la *moelle*, le *corps ligneux* et l'*écorce*.

La MOELLE est entièrement formée de tissu cellulaire, enveloppé d'une couche de tissu vasculaire. Ces vaisseaux prennent le nom de vaisseaux du canal médullaire ;

ils jouent un grand rôle dans la végétation : la formation des feuilles et des boutons est due à leur déviation naturelle.

Le CORPS LIGNEUX est la partie qui occupe le centre de la tige, depuis la moelle jusqu'à l'écorce. Si nous coupons un arbre transversalement, le corps ligneux nous apparaîtra sous la forme de couches concentriques; chaque couche est le produit de la végétation d'une année. Ces couches sont reliées entre elles par des faisceaux de vaisseaux horizontaux, appelés rayons médullaires; ces vaisseaux sont ceux du canal médullaire dont la *déviation naturelle* a donné naissance à des feuilles et à des bourgeons.

Si, au contraire, nous coupons un arbre verticalement, nous reconnaîtrons que les filets ligneux formant les couches dont nous venons de parler sont formés d'une réunion de vaisseaux prenant naissance à la base d'une feuille et se prolongeant jusqu'à l'extrémité des racines. Nous reconnaîtrons encore que les filets ligneux produits par les feuilles supérieures recouvrent ceux produits par les inférieures. Il résulte de ce mode de construction que les couches ligneuses les plus jeunes sont toujours les plus extérieures.

Le corps ligneux se divise en deux parties, en *bois parfait* et en *aubier*.

Le BOIS PARFAIT, plus dur et d'une couleur plus foncée, occupe le centre de la tige. Il est formé des couches ligneuses les plus anciennes, de celles dont les cellules et les vaisseaux sont complètement obstrués, il ne sert plus que de support à l'arbre.

L'AUBIER, plus mou et moins coloré, est formé des couches ligneuses les plus récentes; les couches les plus extérieures contiennent les vaisseaux séveux; ces vaisseaux fonctionnent avec d'autant plus d'énergie que les couches sont plus jeunes. Ceux de l'année donnent passage à *un quart de la sève*, ceux de l'année précédente à *la moitié*, ceux de la troisième et de la quatrième année *au dernier quart*.

L'ÉCORCE comprend : le *liber*, les *couches corticales*, le *tissu sous-épidermoïde* et l'*épiderme*.

Le LIBER est la partie la plus intérieure de l'écorce, celle qui recouvre l'aubier ; il est formé d'un grand nombre de couches minces et flexibles, composées de vaisseaux naissant également à la base d'une feuille et se prolongeant jusqu'à l'extrémité des racines. Nous remarquerons que la formation des couches du liber se fait en sens inverse de celles du corps ligneux.

Dans le corps ligneux, les couches les plus nouvelles sont les plus extérieures ; les couches de liber les plus récentes sont au contraire les plus intérieures.

Une couche de liber est également formée chaque année.

LE LIBER EST LE SIÉGE DE LA VIE DE L'ARBRE.

Les COUCHES CORTICALES sont formées des plus anciennes couches du liber, de celles que le temps a complètement desséchées. Ce sont les losanges rugueux que l'on remarque sur les vieux arbres.

Dans les jeunes tiges seulement, le liber est recouvert d'une couche de tissu cellulaire, c'est le tissu sous-épidermoïde ; ce dernier tissu est enveloppé d'une pellicule mince et incolore, c'est l'épiderme.

Le BOUTON, placé à l'aisselle des feuilles, est le rudiment du bourgeon ; il doit sa formation à la déviation des vaisseaux du canal médullaire. Les vaisseaux déviés forment d'abord un petit axe au sommet duquel est placé le bouton. Lorsque la végétation est accomplie, le bouton prend le nom d'œil.

On appelle mérithalle l'espace qui sépare les yeux.

Les feuilles comprennent le *pétiole* et le *disque*.

Le PÉTIOLE, ou queue de la feuille, est formé des vaisseaux déviés du canal médullaire ; ces vaisseaux, en s'allongeant et se ramifiant à l'infini dans le disque, donnent naissance aux nervures de la feuille.

Le DISQUE est la lame de la feuille. Elle est composée de tissu cellulaire, recouvert d'une membrane incolore appelée épiderme ; cette membrane, surtout celle de la face inférieure, est percée de petites ouvertures : ce sont les stomates.

Toutes les parties vertes des végétaux, les feuilles, les bourgeons et les fruits, sont recouvertes de stomates.

Les ORGANES REPRODUCTEURS sont les *fleurs* et les *fruits.*

Les FLEURS sont composées des *enveloppes florales* et des *organes sexuels.*

Les ENVELOPPES FLORALES sont le *calice* et la *corolle.* Les divisions du calice prennent le nom de folioles calicinales ; celle de la corolle, celui de pétales.

Les ORGANES SEXUELS sont les *étamines* et le *pistil.*

Les ÉTAMINES sont les organes mâles des plantes ; elles se composent du *filet*, de l'*anthère* et du *pollen.*

Le FILET portant l'anthère à son sommet ; l'anthère, petite poche renfermant le pollen, poussière fécondante des végétaux.

Le PISTIL est l'organe femelle des plantes : il se compose de l'*ovaire*, renfermant le rudiment des semences ; du *style* qui porte le stigmate, et du *stigmate*, corps glanduleux et humide présentant à sa surface l'ouverture de vaisseaux communiquant directement avec les loges de l'ovaire.

Le FRUIT est composé du *péricarpe* et des *semences.*

Le PÉRICARPE comprend toute la partie charnue du fruit ; il est formé de tissu cellulaire.

Les SEMENCES renferment le rudiment d'une plante semblable à celle qui leur a donné naissance ; elles sont attachées et enveloppées par un réseau de vaisseaux appelé cordon ombilical ; il prend naissance au pédoncule du fruit et se prolonge jusqu'à son extrémité. Une partie de ces vaisseaux a servi à la fécondation ; leur fonction est d'introduire les substances nutritives pendant tout l'accroissement du fruit.

On appelle tunique l'enveloppe du fruit.

L'EMBRYON contient : la *radicule*, rudiment de la racine ; la *plumule*, rudiment de la tige, et les *cotylédons*, partie charnue de la graine.

PHYSIOLOGIE.

GERMINATION.

Après avoir examiné les organes qui constituent les arbres, occupons-nous des fonctions qu'ils remplissent afin de connaître les causes qui déterminent les principaux phénomènes de la végétation : la *germination*, la *nutrition*, l'*accroissement*, la *reproduction* et la *mort*.

Commençons par la GERMINATION.

Lorsqu'une graine est confiée au sol, voici ce qui a lieu. Elle absorbe de l'eau qui l'amollit et la gonfle ; la tunique se déchire, la radicule s'enfonce dans le sol, la plumule se redresse, s'allonge et sort bientôt de terre, portant les cotylédons à sa base ; ceux-ci fournissent à la jeune plante la nourriture première et tombent dès que les feuilles apparaissent.

La GERMINATION ne peut s'effectuer sans le concours de l'*eau*, de l'*air* et de la *chaleur*.

L'eau amollit la graine, et la gonfle.

L'air est indispensable à la germination ; le gaz oxygène qu'il contient modifie la substance des cotylédons et la rend propre à nourrir la plante. La graine, soustraite au contact de l'air, ne germe jamais.

La chaleur active la germination ; plus elle est élevée, plus la germination est prompte.

Il résulte de ce que nous venons de dire que les semis, doivent être faits dans des conditions spéciales ; dans un sol plutôt léger que compacte, afin d'être très perméable à l'air ; labouré profondément pour conserver l'humidité ; de plus, il doit être copieusement fumé avec des *engrais très-consommés*, afin de fournir une nourriture abondante à la jeune plante.

Les graines doivent être enfouies plus ou moins profondément suivant leur grosseur. Il faudra choisir une moyenne entre ces deux extrêmes ; le bouleau, la plus petite des semences, veut être enterrée à deux millimètres, et le marron d'Inde, la plus grosse, à cinq centimètres, dans un sol de consistance moyenne.

Ajoutons que les graines doivent être enterrées plus profondément dans un sol très-léger, et plus superficiellement dans une terre un peu compacte. Il faut, en outre, entretenir l'humidité à l'aide d'arrosements fréquents, et pailler les planches afin d'empêcher la dessication du sol.

Les graines les plus nouvelles sont toujours les meil-

leures ; elles doivent surtout avoir été récoltées très
mûres. Les vieilles graines ne germent pas toujours et
donnent lieu à des sujets moins vigoureux. Il est bon de
les stimuler en les mettant tremper deux ou trois heures
dans de l'eau salée. Il ne faut pas mettre plus de 15
grammes de sel par litre d'eau.

NUTRITION.

La NUTRITION est l'acte capitale de la végétation, celui
qu'il importe le plus de connaître ; c'est la clef de toutes
les cultures.

Les substances nutritives sont introduites dans les végétaux *pour y être modifiées de plusieurs manières avant
de pouvoir servir à leur accroissement.*

Fidèles au principe qui sert de base à la culture,
recherchons quelles sont les substances nutritives nécessaires au développement des arbres, afin de les introduire dans le sol s'il en est dépourvu.

L'analyse des végétaux ligneux donne : du carbone
en grande quantité, de l'eau, du phosphore, du soufre,
des oxydes métalliques unis aux acides phosphoriques,
sulfuriques et siliciques ; des chlorures, des bases alca-
lines (potasse, soude, chaux et magnésie), combinées à
des acides végétaux.

Si les arbres ne peuvent absorber continuellement de
l'eau (hydrogène et oxygène), de l'air (oxygène et azote),
de l'acide carbonique et certaines matières minérales, ils
dépériront comme l'animal auquel on refuse une nourriture suffisante.

Toutes ces substances nutritives sont tirées du sol et
de l'atmosphère, par les racines et par les feuilles.

Les racines puisent dans le sol les matières minérales
et salines, les agents calcaires, etc., le carbone et
l'azote abondamment fournis par les engrais.

Les feuilles absorbent dans l'air du gaz acide carbonique, de l'ammoniaque et de l'ydrogène sulfuré.

Les organes absorbants des arbres sont donc les
RACINES et les FEUILLES.

Posons en principe que toutes ces substances ne peuvent être introduites dans les végétaux soit par les racines, soit par les feuilles, qu'à l'état liquide ou gazeux.

Les spongioles, *seuls organes absorbants des racines*, sont dépourvues d'ouvertures ; par conséquent les substances nutritives, comme les matières minérales, ne peuvent y être introduites qu'après avoir été dissoutes par l'eau contenue dans le sol. L'eau est donc le premier élément, l'élément indispensable à la nutrition.

Lorsque l'eau du sol, chargée de substances nutritives, a pénétré dans les racines *par les spongioles*, elle fait partie du végétal et prend le nom de sève. La sève, n'est autre chose que *l'eau du sol chargée de substances nutritives*. Son unique fonction est de porter les substances nutritives, fournies par le sol, dans les feuilles. C'est dans les cellules des feuilles que s'opèrent toutes les modifications de la sève, et c'est *seulement* lorsqu'elle *a été modifié par les feuilles* qu'elle peut servir à l'accroissement.

L'action de la sève est certes pour beaucoup dans la végétation ; c'est à la fois la pompe qui aspire les substances nutritives dans le sol et le véhicule qui les transporte à l'alambic qui doit les distiller ; mais les matières premières fournies par la sève seraient de nul effet sur la végétation sans le secours des feuilles.

Nous concluons donc de ce qui précède que les feuilles sont aussi indispensables à la végétation que les racines.

LES FEUILLES NE FONCTIONNENT QUE SOUS L'INFLUENCE DES RAYONS SOLAIRES.

Nous avons dit que les feuilles absorbaient dans l'atmosphère, par les stomates dont elles sont couvertes, de l'air et de la vapeur d'eau.

Lorsque la sève est montée jusqu'au pétiole de la feuille, elle y pénètre, s'étend dans les nervures, et des nervures passe dans les cellules des feuilles. Lorsque la sève est logée dans les cellules du disque de la feuille, la première modification s'accomplit *sous l'action des rayons solaires* : l'eau surabondante s'évapore et est reversée dans l'air sous la forme de vapeur d'eau ; les substances nutritives restent accumulées dans les cellules. Alors commence la seconde modification, l'accomplissement du phénomène le plus admirable de la végétation.

L'oxygène de l'air, absorbé par les feuilles vient s'unir aux matières carbonées fournies par les engrais et forme du gaz acide carbonique. Le gaz acide carbonique est décomposée dans les cellules des feuilles ; le carbone est fixé dans le végétal et l'oxygène reversé dans l'atmosphère.

Le gaz acide carbonique puisé dans l'atmosphère par les feuilles subit la même décomposition et concourt aussi à l'accroissement.

Lorsque la séve a subi dans les cellules des feuilles la modification que nous venons d'indiquer, elle prend le nom de *cambium*. Alors, complètement modifiée, épaissie, convertie en cambium, elle suit une nouvelle route pour concourir à l'accroissement de l'arbre et à sa reproduction.

La SÈVE monte par les couches les plus extérieures de l'aubier jusqu'au pétiole, pour se répandre dans les nervures et dans les cellules des feuilles, et cela *pendant le jour*. Le CAMBIUM passe des cellules dans les nervures, des nervures dans le pétiole de la feuille, et redescend *pendant la nuit* depuis le pétiole de la feuille jusqu'à l'extrémité des radicelles, par les couches les plus intérieures et par conséquent les plus nouvelles du LIBER.

Le cambium détermine sur tout son passage la formation d'une couche de filets ligneux et d'une nouvelle couche de liber ; alors commence l'*accroissement*.

Constatons de nouveau, avant d'étudier ce nouveau phénomène, que l'accroissement de l'arbre, non plus que la reproduction, ne peuvent s'effectuer *sans le concours des feuilles* ; constatons encore que la transformation de la séve en cambium, transformation qui a lieu *dans les cellules des feuilles*, ne peut s'opérer que sous l'*action des rayons solaires*.

En conséquence, toutes les branches des arbres fruitiers devront être assez espacées pour ne pas *se porter ombre* mutuellement. Toute branche *soustraite à l'action des rayons solaires ne croîtra pas*, et restera toujours INFERTILE.

Lorsque la sève est convertie en cambium et que la descension s'opère, l'accroissement commence. Il a lieu de deux manières : en longueur, par l'ascension de la sève, et en diamètre, par la descension du cambium.

Lorsque la végétation s'éveille, au printemps, la sève en montant exerce une pression continue sur les yeux ; cette pression détermine l'élongation du bourgeon : c'est le commencement de l'accroissement en longueur.

Les seuls organes dus à l'accroissement en longueur, c'est-à-dire formés de bas en haut par l'effet de la sève et sans le secours des feuilles, sont: la moelle, les vaisseaux du canal médullaire, une couche très-mince de liber, le tissu sous-épidermoïde et l'épiderme; toutes les autres parties : le corps ligneux, l'écorce, etc., sont formées de haut en bas par l'effet de l'accroissement en diamètre opéré par la descension du cambium. Il ne peut avoir lieu sans les feuilles ; il commence lorsqu'elles apparaissent.

L'accroissement en longueur et en diamètre ont lieu simultanément. La sève tend toujours à allonger les bourgeons par sa pression ascensionnelle ; le cambium vient, dans son mouvement de descension, arrêter l'élongation et solidifier le bourgeon à l'aide des filets ligneux et corticaux qu'il dépose sur son passage.

L'accroissement en longueur ne dure qu'un été et s'opère l'année suivante par le développement d'un nouveau bourgeon. L'accroissement en diamètre est continu ; il a lieu pendant toute l'existence de l'arbre.

Dès que les premières feuilles d'un bourgeon se déploient elles reçoivent la sève dans leurs cellules et la transforment en cambium. Le cambium passe des cellules dans les nervures, des nervures dans le pétiole de la feuille, et descend, *par les couches les plus intérieures du liber* jusqu'à l'extrémité des racines ; le cambium en descendant détermine sur tout son passage la formation de filets ligneux qui viennent recouvrir l'étui médullaire et la formation de nouveaux vaisseaux du liber.

Les filets ligneux et corticaux, formés par les feuilles supérieures, viennent recouvrir ceux qui ont été précédemment formés par les feuilles inférieures, mais avec cette différence que les couches ligneuses sont formées du centre à la circonférence ; les plus nouvelles sont les plus extérieures, tandis que les couches de liber les plus récentes sont les plus intérieures. L'accroissement du liber a lieu de la circonférence au centre.

Ce mode d'accroissement nous explique le danger qu'il y a à laisser de vieilles écorces sur les arbres. L'accroissement en diamètre s'opère intérieurement entre l'aubier et l'écorce; il faut donc, pour permettre à l'arbre de grossir, que les vieilles écorces éclatent. Si elles sont trop épaisses et trop dures pour céder, il y a étranglement des filets ligneux, et par conséquent des vaisseaux séveux, et paralysie des vaisseaux du liber. L'un entrave l'ascension de la sève, l'autre empêche la descension du cambium. Alors la végétation se ralentit, reste suspendue, et si cet état se prolonge, l'arbre meurt asphyxié.

Il faut donc, lorsque la végétation d'un arbre s'arrête sans cause apparente, examiner soigneusement les écorces et faire sur toutes les parties où elles sont trop dures, des incisions longitudinales. Ces incisions peuvent être faites avec la pointe de la serpette; elles doivent pénétrer jusqu'au corps ligneux et être placés du côté du nord ou de l'ouest.

L'accroissement en longueur cesse vers la fin de l'été avec l'ascension de la sève. L'accroissement en diamètre s'arrête à la chute des feuilles.

Chaque année une nouvelle couche d'aubier vient recouvrir les anciennes; lorsque les cellules et les vaisseaux sont complètement obstrués, l'aubier acquiert une coloration plus foncée, plus de dureté; c'est le bois parfait. Le bois parfait ne sert plus que de support à l'arbre; il est complètement inerte et ne concourt en rien à son existence. Chaque année aussi une nouvelle couche de liber est formée; elle rejette à l'extérieur les anciennes couches desséchées ne fonctionnant plus et converties en couches corticales.

Lorsqu'à la chute des feuilles l'accroissement en diamètre vient à cesser, une partie du cambium élaboré par les dernières feuilles ne descend pas jusqu'à l'extrémité

des racines, il s'extravase par les ouvertures latérales des
vaisseaux et se répand dans le tissu cellulaire qui
remplit les intervalles du tissu vasculaire où il reste
en réserve. Ce cambium de réserve sert à alimenter les
jeunes bourgeons avant l'apparition des feuilles ; il sert
aussi à déterminer la formation de nouvelles spongioles.
Le tissu sous-épidermoïde qui recouvre le liber des bourgeons est formé à l'aide du cambium de réserve.

L'acroissement des racines est dû à la descension du
cambium ; il ajoute chaque fois un peu de tissu cellulaire
à l'extrémité des spongioles, et les allonge ainsi pendant
tout le cours de la végétation ; chaque fois qu'une nouvelle ramification naît sur la tige, elle détermine la formation d'une nouvelle racine.

REPRODUCTION.

Le premier acte de la reproduction est la floraison ;
chez les arbres non soumis à la taille, les fleurs n'apparaissent qu'au bout d'un certain temps, lorsque l'arbre a
acquis un grand développement et que la sève circule
avec lenteur dans ses nombreuses ramifications ; les
fleurs ne se rencontrent jamais que sur les rameaux
faibles.

La taille nous fournira les moyens d'obtenir des fleurs
beaucoup plus tôt, non pas à l'extrémité des rameaux,
comme chez les arbres abandonnés à eux-mêmes, mais à
leur base, c'est-à-dire attachées la plupart du temps à la
branche-mère ou au moins sur un onglet dont la longueur
n'excédera pas 15 millimètres, condition indispensable
pour obtenir de beaux fruits. Le développement des
fruits est subordonné à la quantité de sève qu'ils reçoivent ; plus l'issue ouverte à la sève est large, plus le
fruit devient volumineux.

Après la floraison vient un acte de la plus haute importance : la fécondation. Lorsque la fleur est épanouie,
les anthères s'ouvrent pour laisser échapper le pollen.
Dès qu'un grain de pollen tombe sur le stygmate, il pénètre dans les vaisseaux placés à son orifice ; y subit une
pression assez forte pour le déchirer et permettre à la

liqueur qu'il contient de descendre jusqu'aux loges de l'ovaire. Alors la fécondation est accomplie : la fleur fane, la corolle et les organes sexuels tombent, l'ovaire seul grossit ; c'est le fruit, son accroissement commence.

La fécondation ne peut s'accomplir que par une température douce et sous une atmosphère sèche. Lorsque les fleurs subissent l'influence de la gelée, les organes sexuels, désorganisés, déchirés, ne fonctionnent pas ; quand elles sont mouillées, le pollen se délaie, la fécondation est impossible. Alors on dit que les fleurs ont coulé. De cette loi la nécessité des abris.

L'accroissement du fruit est très-prompt ; voici comment il a lieu. Le fruit, nous l'avons dit, est composé de tissu cellulaire ; son épiderme est couverte de stomates. Le parenchyme des fruits fonctionne comme celui des feuilles ; il attire à lui la sève des racines ; la surabondance d'eau s'évapore par les stomates dont le fruit est couvert ; les substances nutritives, puisées dans le sol par la sève, restent accumulées dans les cellules ; ces matières, décomposées par l'oxygène, sont converties en cambium comme dans les feuilles, mais avec cette différence que le cambium élaboré par les feuilles concourt à l'accroissement et à la fructification de l'arbre, tandis que celui élaboré par les fruits ne sert qu'à leur propre accroissement.

Pendant tout le temps de leur accroissement, les fruits remplissent les mêmes fonctions que les feuilles : ils attirent la sève et la transforment en cambium ; ils absorbent par conséquent l'acide carbonique et exalent l'oxygène. Le contraire a lieu lorsque les fruits ont atteint tout leur développement. Dès que la maturation commence, ils absorbent l'oxygène et exhalent l'acide carbonique ; lorsque tout l'acide carbonique est exhalé et remplacé par l'oxygène, la maturation est accomplie ; le fruit, d'acide qu'il était, devient sucré, et la décomposition suit bientôt la maturité complète.

Ce nouveau phénomène nous explique pourquoi les fruits verts sont si dangereux pour la santé ; l'acide carbonique dont ils sont saturés porte le trouble dans tous nos organes.

Le phénomène de la maturation nous donne la clef de la conservation des fruits. Dès l'instant où nous priverons d'air et de lumière l'endroit où ils sont renfermés, la maturité sera retardée, le dégagement de l'acide carbonique étant imparfait et l'absorption de l'oxygène impossible. Joignons à ces conditions une température toujours égale de 4 à 5 degrés centigrades, et la maturité sera retardée de plusieurs mois.

La coloration des fruits est due à l'action de la lumière ; il suffit de les découvrir six à sept jours avant de les cueillir pour leur faire acquérir une coloration complète.

Avant d'aborder l'étude des agents naturels et artificiels de la végétation, il nous reste à rechercher la cause de la mort des arbres. La plupart des arbres fruitiers soumis à la taille meurent des suites des amputations brutales et maladroites qu'on exerce sans cesse sur eux, sous le prétexte de les mettre à fruit.

Si les arbres fruitiers n'étaient pas constamment mutilés, celui qui les plante ne les verrait jamais mourir, leur existence serait plus longue que celle de l'homme, même en donnant d'abondantes récoltes. Les arbres doivent finir par mourir naturellement comme tous les êtres organisés, mais l'énergie vitale est douée d'une force telle qu'elle peut résister aux lois des affinités chimiques pendant plus d'un siècle.

Les arbres soumis à la taille ne vivent pas cinq ans en moyenne ; les amputations réitérées arrêtent leur accroissement, font développer une forêt de bourgeons qui, coupés à leur tour, produisent une quantité de nodosités sur toutes les branches. Au bout de quelques années, l'arbre, tout tortu, couvert de cicatrices, de chancres et de carie, est totalement épuisé ; alors il se couvre de fleurs, mais les fruits tombent avant d'avoir atteint le quart de leur grosseur.

La mort prématurée des arbres soumis à la taille, nous ne saurions trop le répéter, et nous le prouverons surabondamment plus tard, est due quatre-vingt-dix fois sur cent aux tailles inhabiles et maladroites qu'on leur applique depuis si longtemps.

DEUXIÈME LEÇON.

—

DES AGENTS NATURELS ET ARTIFICIELS
DE LA VÉGÉTATION.

DU SOL.

Nous venons d'étudier l'organisation des arbres et les principaux phénomènes de la végétation, il nous reste à savoir comment et dans quelles conditions l'accroissement et la fructification peuvent être accélérés et augmentés. La taille avance la fructification, elle favorise même l'accroissement dans certains cas, mais les résultats de la taille seront presque nuls si la nutrition s'opère mal.

Je ne saurais trop insister sur l'importance des soins de culture, et répéter : qu'un arbre parfaitement taillé donnera des résultats négatifs s'il a été mal planté, si le sol ne convient pas à son espèce, ou s'il est dépourvu des substances nutritives qui lui sont indispensables. Un arbre bien planté, bien taillé et convenablement fumé, ne donnera encore que des demi-résultats s'il est placé à une exposition contraire à sa nature. Ceci posé, recherchons les causes susceptibles de déterminer à la fois un accroissement rapide et une fructification abondante.

Les agents naturels de la végétation : *le sol, l'eau, l'air, la lumière* et *la chaleur* sont des causes déterminantes des principaux phénomènes de la végétation, mais pour que ces phénomènes s'accomplissent à notre satisfaction, il faut que chacun des agents dont nous parlons intervienne en temps voulu et dans une proportion donnée.

La nature nous donne toujours trop ou pas assez. C'est donc à l'homme à remédier à sa prodigalité ou à son insuffisance ; les agents artificiels de la végétation : *les amendements, les engrais, les abris, les labours, les binages, les paillis, les arrosements, les aspersions,* etc., etc., employés avec discernement, lui en fournissent tous les moyens.

Parmi les agents naturels, nous placerons le sol en première ligne. Les sols de bonne qualité ont une valeur inappréciable en ce que tout y vient facilement, et qu'on y obtient d'excellents produits avec moins de travail et peu de dépense ; mais les sols d'élite sont rares, il faut donc, avec l'aide des amendements, des engrais et d'une culture habile, obtenir des résultats satisfaisants dans des sols médiocres.

Posons d'abord en principe qu'il n'existe pas de sol, quelqu'ingrat qu'il paraisse, sur lequel on ne puisse obtenir toutes les espèces fruitières. C'est une question de travail, rien de plus. Chaque plate-bande devra souvent recevoir un amendement différent, et quelquefois des engrais différents, suivant les besoins des espèces qui y seront plantées.

Disons aussi qu'un choix judicieux de sujets nous évitera souvent de grandes dépenses de terrassements et d'amendements. Prenons le poirier pour exemple : il peut être greffé sur cognassier, sur poirier franc, sur cormier, et sur épine blanche. Le cognassier veut un sol substantiel ; le poirier franc le remplace dans les sols plus légers ; on a recours au cormier dans les sols siliceux où le poirier franc ne vient pas ; enfin, dans les sols calcaires où les espèces à pépins meurent, l'épine blanche nous fournit de bons poiriers.

Le cadre de cet ouvrage ne me permet pas de traiter de géologie, je veux seulement éclairer mes lecteurs sur la valeur des sols, et leur fournir les moyens d'en tirer, à peu de frais, le meilleur parti pour la culture des arbres fruitiers.

Examinons d'abord les trois natures de terre qui servent de base à la fertilité et entrent en plus ou moins grande quantité dans tous les sols.

1° L'ARGILE, composée de 52 parties de silice, de 33 d'alumine et de 15 d'eau, est plastique, tenace, difficile à diviser; elle retient une quantité d'eau considérable, 70 pour 100 de son poids environ; elle possède la faculté de s'emparer des gaz ammoniacaux et de les retenir entre ses particules. L'argile mouillée forme une pâte molle adhérente aux outils; sèche, elle acquiert la dureté de la pierre. Dans ces deux cas, elle est imperméable à l'air. De plus, il faut que l'argile soit complètement saturée d'engrais pour que les végétaux se ressentent de l'effet des fumures.

Les sols argileux sont toujours humides, leur imperméabilité s'oppose à l'évaporation. Les arbres y poussent d'abord assez vigoureusement, mais leur bois mou, mal constitué, donne peu de fleurs; les fruits deviennent gros, mais ils sont sans saveur et ne se conservent pas. Les hivers rigoureux causent de véritables désastres dans les sols argileux; leur humidité surabondante donne facilement prise à la gelée; les grandes chaleurs n'y sont pas moins à craindre, la terre, en se fendant, brise les racines et les laisse à découvert; puis enfin l'imperméabilité du sol, jointe à son humidité naturelle, fait pourrir les racines. L'arbre qui avait d'abord produit des scions vigoureux, se couvre de mousse, la végétation s'arrête, et bientôt il meurt après avoir à grand'peine produit quelques mauvais fruits.

Faut-il devant tous ces inconvénients abandonner la culture des arbres fruitiers dans les sols argileux? Évidemment non, car ce sont les plus fertiles quand ils sont bien amendés et cultivés avec intelligence. Avant d'appliquer le remède, constatons que l'argile est la base de la fertilité de tous les sols quand on l'y rencontre dans une certaine proportion, et qu'en principe une forte addition de calcaire produit toujours une grande fertilité dans ces sols.

Le point capital, pour amender, est d'éviter l'humidité surabondante, et de rendre la terre perméable à l'air. Lorsque l'eau est stagnante dans les couches inférieures du sol, les arbres ne peuvent pas y vivre, alors il faut drainer. Mais si, comme dans la majorité des cas, la terre n'est que compacte, il est facile de la rendre perméable avec les amendements.

Je place en première ligne *les platras* et *les mortiers de chaux*, provenant de la démolition des maisons, ils ne coûtent guère que la peine de les enlever ; *les cendres de bois* et celles *de houille* qui encombrent presque toutes nos gares de chemin de fer, et dont les chefs de gare sont toujours heureux de se débarrasser. *Les cendres de forges, d'usines, de four à plâtre et à chaux*, sont aussi de précieux amendements pour les terres fortes.

S'il est impossible de se procurer des démolitions ou des cendres, il faut avoir recours au sable, mais le sable demande une addition de calcaire pour donner de bons résultats. Il est urgent de donner un chaulage énergique ou un bon marnage après avoir mélangé le sable avec la terre. La chaux ou la marne ne doivent pas être répandues sur le sol, et enfouies séparément comme on le fait à tort, mais mélangées avec les engrais. J'indiquerai la manière de préparer les chaulages et les marnages en traitant de la fabrication du fumier et des composts.

Disons, avant de terminer, ce qui est relatif aux sols argileux : que ce sont les plus fertiles quand ils sont bien cultivés et qu'ils récompensent toujours amplement, par la richesse de leurs produits des avances qu'on leur a faites et du travail qu'on leur a donné ; mais il ne faut pas oublier que les terres fortes demandent plus d'engrais et plus de travail que les autres.

2° La SILICE ou sable entre en quantité plus ou moins grande dans la constitution de tous les sols. On l'y rencontre en plusieurs états : sous forme de cristal de roche, insoluble dans l'eau et les acides ; sous forme de poudre blanche très-fine, soluble dans l'eau et les acides ; enfin en combinaison avec d'autres substances, formant des sels où elle joue le rôle d'acide, telle que l'alumine, la potasse, etc., etc. La silice est un des éléments qui donnent aux végétaux leur solidité.

Les sols siliceux variant du blanc au rouge, suivant la quantité d'oxyde de fer qu'ils contiennent, offrent des caractères diamétralement opposés à l'argile ; ils sont friables, faciles à travailler, très-perméables à l'air, mais toujours exposés à la sécheresse. Les sols siliceux ne retiennent que 25 0/0 d'eau environ.

Les arbres poussent peu dans les terres siliceuses, ils produisent beaucoup de fleurs, mais les fruits, toujours savoureux, restent petits.

Les sols siliceux s'amendent par une addition d'argile et de calcaire. Voici comment il faut opérer :

Le plus expéditif et le plus économique, quand on habite un pays où il y a des constructions en terre, est de se procurer des démolitions de murs ou de maisons en argile, de les pulvériser, de répandre également cette poudre sur le sol et de l'enfouir à l'aide d'un bon labour par un temps très-sec.

Si l'on opère avec de l'argile humide, il faut la faire sécher complétement au soleil et la pulvériser avant de l'employer. L'argile mouillée reste en mottes et ne se mélange jamais avec le sable. Lorsqu'elle est réduite en poudre et enfouie par un temps bien sec, le mélange est parfait, et les résultats sont toujours des plus profitables.

L'addition de calcaire se fait, après le mélange de l'argile, avec un chaulage ou un marnage appliqué en compost avec les engrais.

On ne doit rien négliger pour donner de la consistance aux sols siliceux, et surtout pour y maintenir de la fraîcheur. Les vases de mares et d'étangs, les curures de fossés mélangées avec des cendres ou avec les engrais, produisent d'excellents résultats. Les fumures en vert doivent être souvent employées ; les roseaux, les herbes de toute nature, grossièrement hachées et enfouies fraîches, produisent le meilleur effet. Souvent il y a bénéfice à ensemencer avec du sarrasin et à l'enfouir en fleurs.

Si les sols essentiellement siliceux sont presque improductifs, il en est de très-fertiles, ceux fortement colorés en rouge et dont le sable est très-fin. Cette fertilité s'explique par la présence de l'oxyde de fer qui attire et fixe, sous forme d'ammoniaque, l'azote de l'atmosphère.

3° Les SOLS CALCAIRES formés de chaux à l'état de carbonate, contenant en quantité plus ou moins grande d'argile et de la silice, sont les moins favorables à la culture des arbres fruitiers. Leur couleur blanche repousse l'action des rayons solaires; ils absorbent une quantité d'eau considérable et se dessèchent très-promptement.

La matière calcaire, presque infertile seule, est indispensable dans tous les sols, surtout pour la culture des fruits à noyaux où elle doit entrer en assez grande quantité. Les noyaux étant formés en partie de carbonate de chaux, les fruits tombent lorsque le calcaire manque.

Toutes les espèces à pépins périssent dans les sols essentiellement calcaires; presque toutes les espèces à noyaux y souffrent; le cerisier seul y prospère.

Les sols calcaires s'amendent avec du sable et de l'argile. La quantité de sable et d'argile est déterminée par la consistance de la terre à amender; mais dans tous les cas il faut toujours choisir, pour mêler aux sols calcaires, des matières fortement colorées, afin de donner prise à l'action des rayons solaires en faisant disparaître autant que possible leur couleur blanche; les frasiers de forge remplissent parfaitement ce but.

Il résulte de l'examen que nous venons de faire des trois principaux éléments constituant tous les sols : argile, silice et calcaire, que chacun de ces éléments, séparé, donne un sol impropre à la culture; que deux de ces éléments réunis font une terre médiocre; il faut le concours des trois pour obtenir la fertilité.

La terre modèle est le loam, appelé terre franche dans certains pays. Les loams contiennent 33 0/0 d'argile, 33 0/0 de silice et 33 0/0 de calcaire. Toutes les cultures sont possibles dans ces sols, tout y prospère et y donne d'abondantes récoltes. Mais, ne l'oublions pas, cette terre type se rencontre rarement, c'est au cultivateur à chercher à en approcher le plus possible à l'aide des amendements.

Disons avant de terminer ce qui est relatif au sol, que la meilleure terre, même le loam, sera presque infertile si elle ne contient une certaine quantité d'humus.

L'humus est la cause première de la fertilité du sol, il est formé par la décomposition des végétaux et des matières animales. L'humus fournit aux plantes l'azote provenant des végétaux dont il est formé; il leur fournit du gaz acide carbonique qui imprègne l'eau du sol et forme

au pied de la plante et sous l'abri de ses feuilles une atmosphère surchargée de cet acide. (Les plantes, comme nous
le savons, absorbent le carbone par les racines et par les
feuilles.)

L'humus est d'autant plus efficace sur la végétation
qu'il possède, comme les corps poreux, la faculté de
s'emparer et de condenser les gaz qui les entourent. Ces
gaz sont restitués par l'élévation de la température ou par
l'humidité qui les chasse des pores. L'humus est donc en
quelque sorte un réservoir de substances nutritives placé
au pied de la plante.

Il nous est essentiellement facultatif d'introduire une
plus ou moins grande quantité d'humus ou terreau dans
le sol, et par conséquent de diriger la végétation de nos
arbres presque à notre gré, si nous savons bien composer
et bien employer nos engrais.

ENGRAIS.

Les engrais à décomposition lente sont les meilleurs
pour les arbres : les déchets de laine, les chiffons de
laine et de soie, les bourres, les crins, les poils, les plumes, les râpures de cornes, les os concassés, les sabots
de chevaux, les ergots de mouton et de porc, les nerfs,
les tendons, la chair desséchée, le noir animal, enfin
toutes les matières qui se décomposent lentement, cé-
dent leurs substances nutritives en petite quantité, mais
d'une manière continue.

Les arbres végètent pendant un grand nombre d'années,
et chaque année ils végètent sans interruption de février
à décembre, pendant dix mois. Si nous leur donnons au
printemps des engrais animaux se décomposant entièrement en trois ou quatre mois, nos arbres auront une nourriture trop abondante jusqu'au mois de juin, et ils en
manqueront à partir de cette époque jusqu'à la fin de
l'année, au moment où les fruits acquièrent tout leur
développement, et où les arbres ont le plus grand besoin
de substances nutritives pour mûrir leurs fruits et former
les boutons à fleur pour l'année suivante.

Dans le cas où l'on serait obligé d'acheter des engrais,

on devra choisir de préférence ceux que je viens d'indi-quer, mais si l'on a à sa disposition des engrais qui ne coûtent rien, on pourra les employer en les préparant convenablement. Les fumiers d'écurie et d'étable peuvent être utilisés pour le jardin fruitier, mais à la condition de les employer très-consommés, après les avoir maniés plusieurs fois, et seulement lorsque la paille est entière-ment décomposée. Dans cet état, les fumiers animaux ne présentent qu'un inconvénient, celui de ne pas avoir une action assez soutenue ; employés frais, ils produisent sou-vent le blanc des racines, maladie qui tue les arbres en vingt-quatre heures.

Il est un engrais préférable, et qu'il est toujours facile de se procurer à peu de frais et en grande quantité avec un jardin un peu étendu , c'est un compost formé avec tous les détritus du parc, du potager et de la maison. Cet engrais est préférable , pour le jardin fruitier comme pour le potager, au meilleur fumier d'écurie et d'étable ; il faut se donner la peine de le fabriquer convenablement, voilà tout.

On choisit une place ombragée par les arbres ou au moins au nord ; on y dresse une plate-forme assez étendue pour changer son fumier de place ; cette plate-forme doit être élevée de 25 centimètres au-dessus du sol, et incli-née de façon à ce que les jus du fermier tombent dans un réservoir ou même dans une barrique enterrée à cet effet. On forme un premier lit avec les herbes provenant des sarclages et des binages du jardin, avec tous les dé-tritus tiges de pommes de terre, d'artichauts, d'asperges, trognons de choux, etc., etc.; les tontures de haies, de bordures, les mousses, les roseaux, les bruyères, les genêts, les ajoncs, toutes les matières herbacées sont bonnes, à la condition de les employer fraîches; on re-couvre ce premier lit avec du fumier, afin d'empêcher les herbes de se dessécher ; on jette chaque jour sur le tas tous les débris de la cuisine; épluchures de légumes, détri-tus de viande, plumes et sang de volailles ; les balayures de la maison et des cours ; puis on répand sur ce tas les eaux de vaisselle, les eaux de savon, les lessives, les urines, enfin toutes les eaux ménagères ; lorsque le réservoir est plein, on arrose le fumier avec son contenu. Quand on manque de fumier, on peut ajouter aux herbes de la poudrette, ou des matières fécales : il faut avoir soin de défaire le tas de fumier tous les quinze jours, de bien le mélanger et de l'arroser constamment avec les eaux ménagères. On peut y ajouter aussi les cendres du foyer et de la suie.

Si le sol auquel ces composts sont destinés est argileux ou manque de calcaire, on peut ajouter aux détritus de toutes espèces des platras concassés, de la chaux, de la marne ou du plâtre, suivant le prix de revient, et les mélanger au fumier; plus le mélange sera complet, mieux cela vaudra.

Les boues de ville bien consommées forment un engrais excellent, d'autant meilleur qu'il renferme des matières animales et végétales, des détritus de poisson, des cendres, des suies, etc., etc. Chaque fois qu'il sera possible de s'en procurer à bon compte, ce sera une précieuse acquisition pour le jardin fruitier.

Les composts que je viens d'indiquer ont beaucoup d'analogie avec les boues de ville et ne coûtent rien que la peine de réunir toutes les substances fertilisantes que l'on jette habituellement dans la rue. Si la fabrique de fumier est près des bâtiments, il est facile d'en neutraliser l'odeur avec quelques kilog. de sulfate de fer dissous dans le liquide avec lequel on l'arrose.

Lorsque nous aurons des terres argileuses à chauler, il faudra d'abord mélanger la chaux avec cinq à six fois son volume de terre ; la laisser fuser pendant quelques jours, bien mêler le tout ensemble et manier ce mélange avec le fumier avant de le répandre sur le sol.

En opérant ainsi, on double l'action de la chaux. Quand on fera des composts pour des arbres à noyaux, il sera toujours bon d'y ajouter un peu de chaux ou de marne pour tous les sols.

J'ai dit que l'effet des engrais animaux ne se faisait plus sentir quand les arbres avaient le plus grand besoin de nourriture ; les composts, tout en ayant plus de durée, présentent le même inconvénient ; il est facile d'y remédier avec le secours des engrais liquides, engrais des plus

précieux, en ce que leur effet est instantané. Ainsi, lorsque, par suite d'une longue sécheresse, la végétation est
suspendue et les fruits tombent faute de nourriture et
d'humidité, un seul arrosement à l'engrais liquide, donné
au moment où la végétation languit, empêche non-seulement les fruits de tomber, mais amène encore une recru-
descence de végétation au profit de l'arbre, du volume et
de la qualité des fruits. Cela s'explique par le mode de
nutrition des arbres. Les spongioles (extrémités des racines) absorbent les substances nutritives à l'état liquide
ou gazeux, et ces substances, à l'état de dissolution dans
l'engrais liquide, sont immédiatement absorbées par les
racines.

    L'engrais liquide, malheureusement trop peu employé
en France, est la clef de la végétation; rien n'est impossible avec lui.

    Une plante est-elle malade ou languit-elle faute de
nourriture ? Un arrosement d'engrais liquide lui rend en
quelques jours la vigueur et la santé. On objecte l'odeur
désagréable de cet engrais ; il est facile de le désinfecter
complètement en deux minutes avec une dépense de
quelques centimes, et dans cet état l'engrais liquide n'est
pas plus répugnant à employer que de l'eau claire.

    Il est facile de fabriquer de grandes quantités d'engrais
liquide presque pour rien. Il suffit pour cela d'avoir un
réservoir bien étanche, ou simplement quelques ton-
neaux affectés à cet usage et d'employer une des recettes
suivantes :

    1° Le guano, le plus énergique des engrais connus, dis-
sous dans vingt fois son volume d'eau ;

    2° La colombine, curure du pigeonnier et du poulailler,
étendue dans 20 fois son volume d'eau, et désinfectée
avec 200 grammes de sulfate de fer par hectolitre de liquide ;

    3° Les matières fécales dissoutes dans trente fois leur
volume d'eau et désinfectées avec 400 grammes du sulfate de fer par hectolitre ; ne les employer que lorsqu'elles
commencent à fermenter ;

    4° Les urines étendues de trois fois leur volume d'eau,
avec 100 grammes de sulfate de fer par hectolitre ;

5° Les purins ou jus de fumier étendus de deux fois leur volume d'eau avec 50 grammes de sulfate de fer par hectolitre ;

6° Le sang des abbatoirs, étendu de deux fois son volume d'eau avec 200 grammes de sulfate de fer par hectolitre ;

7° Mélange des urines de la maison avec les eaux de vaisselle, de savon, etc., avec 100 grammes de sulfate de fer par hectolitre.

Enfin, si l'on n'a pas eu la précaution de fabriquer une certaine quantité d'engrais liquide et que l'on manque des matières que j'ai indiquées, on peut encore en faire d'excellent avec du crottin de cheval pur. On prend une futaille dans laquelle on met un tiers de crottin de cheval et deux tiers d'eau ; on abandonne le mélange pendant quelques jours, et on l'emploie quand il commence à fermenter. Lorsqu'on arrose à l'engrais liquide, il faut préalablement avoir soin de former au pied de l'arbre un bassin circulaire de 1 m. 20 à 1 m. 50 de diamètre suivant la force de l'arbre, afin que l'engrais s'infiltre à l'extrémité des racines et non au collet. Deux arrosoirs d'engrais liquide suffisent pour un arbre. Il faut toujours faire ces arrosements le soir, après le coucher du soleil, et mettre ensuite du paillis sur la partie arrosée, afin d'empêcher l'évaporation.

Les propriétaires qui désireraient acheter des engrais à décomposition lente, ne sauraient mieux s'adresser que chez M. Boulard, 26, *quai Saint-Laurent*, A Orléans. Ils trouveront dans cette maison tout ce qu'on peut désirer en fait d'engrais, et de plus une conscience et une loyauté quelquefois rares chez les marchands d'engrais.

DE L'EAU.

L'eau est un élément indispensable à l'existence des plantes ;

Dans le sol, elle dissout les substances propres à la nutrition, s'empare de l'acide carbonique de l'humus, et permet à ces substances de pénétrer dans le corps des végétaux par sa seule action.

Dans le corps des arbres, sous le nom de sève, l'eau introduit tous les éléments de nutrition, et leur sert de véhicule jusque dans les cellules des feuilles, où la sève, modifiée, convertie en cambium, vient concourir à l'accroissement et à la reproduction.

Dans l'atmosphère, à l'état de vapeur, l'eau produit ces bienfaisantes rosées qui remédient, pendant les grandes chaleurs, à la sécheresse du sol.

Sans eau, il n'y a pas de nutrition, et par conséquent pas de végétation possible. Mais, malgré l'utilité de cet élément, il faut le rencontrer dans le sol et dans l'atmosphère dans une proportion voulue. Si le sol est trop humide, il produira du bois mal constitué et pas de fleurs ; s'il est trop sec, les arbres se couvriront de fleurs et ne produiront pas de bois. Il faut combattre l'humidité surabondante par les amendements et par le drainage : la sécheresse, par des paillis épais appliqués au printemps ; par des aspersions sur les feuilles et par des arrosements à l'engrais liquide, afin de placer les arbres dans des conditions d'humidité qui leur permettent de fructifier et de végéter convenablement.

La trop grande humidité de l'atmosphère n'est pas moins à redouter. Les arbres fleurissent bien, mais ne produisent pas de fruits. Dans les localités exposées aux brouillards fréquents, ces brouillards mouillent les fleurs et rendent la fécondation impossible en délayant le pollen. Alors il faut avoir recours aux abris pour préserver les fleurs de l'humidité. Un simple chaperon mobile de 30 centimètres de saillie, posé pendant la floraison, suffit pour assurer la fécondation.

DE L'AIR.

L'air est indispensable à la végétation ; sans le concours de l'oxygène qu'il contient, la sève ne pourrait être décomposée et convertie en cambium. La germination, nous l'avons dit, ne peut s'accomplir sans le secours de l'air ; les racines pourrissent quand elles sont soustraites à son influence. Le gaz oxygène, en outre, concourt puissamment à la décomposition des engrais.

Il faut donc, pour obtenir le maximum de végétation, que le sol soit constamment perméable à l'air. On obtient ce résultat par les labours profonds et les binages réitérés. Plus le sol est compact, plus il doit être fouillé profondément et remué souvent. Les bonnes façons données au sol, ne l'oublions pas, comptent pour beaucoup dans les succès de culture.

DE LA LUMIÈRE.

La lumière est un des agents les plus puissants de la végétation; sans elle la nutrition ne saurait s'accomplir, et les arbres resteraient infertiles. Non-seulement la lumière participe à tous les actes de la végétation, mais encore elle les détermine.

La seule action de la lumière détermine l'évaporation de la surabondance d'eau de la sève dans les cellules des feuilles. Par le fait de cette évaporation, l'ascension de la sève est activée et l'absorption des racines augmentée en raison de l'activité de celle-ci. Donc, la quantité de substances nutritives puisées dans le sol par les racines est subordonnée à l'évaporation des feuilles, c'est-à-dire à la lumière. En outre, l'acide carbonique accumulée dans les cellules des feuilles ne peut être décomposé pour concourir à l'accroissement que sous l'influence d'une lumière très-vive.

Si un arbre fruitier est ombragé en entier. Il poussera des rameaux longs et grêles, donnera rarement des fleurs, et ces fleurs ne produiront jamais de fruits. Si l'arbre est éclairé en partie, les fruits ne se montreront que sur la partie éclairée.

On doit encore à l'action de la lumière *la saveur des fruits*, leur coloration et celle des feuilles.

La coloration est entièrement due à l'action de la lumière : de là la nécessité de découvrir les fruits quelques jours avant de les récolter, pour leur donner à la fois toute la saveur et tout le coloris qu'ils sont susceptibles d'acquérir.

La chaleur est encore un agent puissant de la végétation. Elle concourt à la nutrition, comme la lumière, en
augmentant l'évaporation. En principe, la chaleur stimule
l'énergie des plantes ; elle accélère toutes les fonctions de
la végétation, mais encore faut-il la rencontrer dans certaines limites et combinée avec une humidité suffisante.

Si la chaleur est de longue durée et le sol très-sec, la
végétation sera suspendue et les arbres se couvriront de
fleurs ; si la sécheresse du sol augmente, les fruits tom-
beront, et l'arbre finirait par mourir s'il manquait totalement d'humidité. Si, au contraire, la température est
très-élevée et le sol très-humide, la végétation sera fort
active, les arbres produiront une foule de bourgeons vigoureux et pas de fleurs.

Il faut combattre la sécheresse et l'excès de la chaleur :

1° Par des couvertures épaisses de 5 à 10 centimètres
appliquées sur le sol pendant qu'il est humide. On peut
tout utiliser : paillis, vieux fumier, paille de colza,
bruyères, roseaux, ajoncs, genêts, mousse, etc, ; le but
est de soustraire le sol à l'évaporation. Les objets qu'on
peut se procurer le plus facilement et au meilleur marché sont les préférables ;

2° Par des arrosements à l'engrais liquide ; ils sont d'un
grand secours, non-seulement pour empêcher la chute
des fruits, mais encore pour augmenter leur volume et
leur qualité ;

3° Par des aspersions données sur les feuilles, le soir,
après le coucher du soleil ; la pompe à main est ce
qu'il y a de plus commode et de plus expéditif pour cette
opération ; à son défaut, on peut se servir d'une vieille
brosse : il suffit de la tremper dans l'eau et de la secouer
sur les feuilles pour les mouiller. L'aspersion sur les
feuilles produit les meilleurs effets, surtout sur les arbres
en espalier au midi ; elle dispense quelquefois de l'arrosement à l'engrais liquide et empêche toujours les feuilles
de se dessécher ;

4° Par des binages souvent renouvelés, la terre remuée
se dessèche moins et de plus elle est ouverte à l'influence des rosées.

Il faut bien se garder de répandre des arrosoirs d'eau

au pied des arbres ainsi qu'on le fait souvent pendant les chaleurs. C'est d'abord : exposer les arbres à être attaqués par le blanc des racines ; ensuite les arrosements copieux sont nuisibles à la qualité des fruits, à la santé des arbres et à la fructification pour l'année suivante.

La chaleur est presque toujours un bienfait sous le climat privilégié de la France, du moins dans toute la région de la vigne. Il est plus facile de se défendre de la chaleur que du froid. La chaleur, ne nous apporte qu'un inconvénient : un peu de sécheresse passagère en échange de sa généreuse influence sur la végétation.

La nature, dans son admirable organisation, apporte elle-même le remède le plus puissant contre la chaleur et contre le froid ; quand l'homme la seconde un peu, elle le récompense au centuple de ses soins et de sa peine. Pendant les chaleurs les plus intenses, alors que les bourgeons grillent quelquefois sur les murs, la sève, plus active que jamais, monte abondamment vers les feuilles, stimulée par l'évaporation de celle-ci. La sève apporte dans le corps de l'arbre la température fraîche du sol pour mitiger celle de l'atmosphère. Aidez la nature de quelques aspersions sur les feuilles et vous n'aurez jamais d'accidents à déplorer.

Pendant les gelées, la nature vient encore nous apporter le préservatif le plus puissant. Le mouvement de la sève existe toujours pendant l'hiver, mais il est presque nul comparativement à celui qui s'opère pendant l'été. En conséquence, les arbres, obéissant à cette loi physique qui fait qu'un liquide en repos gèle moins que s'il était agité, sont d'autant moins exposés à l'action du froid. En outre, l'ascension de la sève, toute lente qu'elle est, existe toujours, même pendant le repos de la végétation ; la sève apporte donc dans le corps de l'arbre la température du sol, bien plus élevée que celle de l'atmosphère, et vient contrebalancer son action. Empêchez le sol de se refroidir, la sève conservera une température assez élevée pour préserver vos arbres de tout accident. Une couche de fumier frais, répandue sur le sol à l'approche des gelées, est suffisante pour le soustraire à leur atteinte et y maintenir une température de plusieurs degrés au-dessus de zéro.

TROISIÈME LEÇON.

DES GREFFES.

Les greffes ont une immense importance en arboriculture ; elles permettent de multiplier les espèces très-promptement et en grande quantité ; grâce à elles nous obtenons d'excellents résultats d'une espèce quelconque dans un sol où elle refuserait de végéter. Par la greffe, il est facile de placer sur un arbre vigoureux les fruits d'un arbre faible ; en outre, la greffe, tout en ayant pour effet d'avancer de beaucoup la production des fruits, en augmente notablement le volume et la qualité.

Il suffit de faire coïncider les vaisseaux séveux du sujet et de la greffe pour obtenir la reprise de celle-ci, quand il y a toutefois analogie suffisante entre eux. Voici comment la reprise s'opère :

Dès l'instant où les vaisseaux séveux du sujet sont en contact avec ceux de la greffe, la sève du sujet passe dans la greffe et fait pression sur les yeux de celle-ci, par son mouvement ascensionnel. Les yeux de la greffe s'allongent et déploient bientôt leurs premières feuilles ; ces feuilles convertissent la sève du sujet en cambium qui, à son tour, soude les plaies de la greffe en les recouvrant avec les filets ligneux et corticaux qu'il dépose sur son passage dans son mouvement de descension. Alors la reprise est opérée, la greffe est soudée au sujet et y croît comme sur son pied mère.

Les instruments indispensables pour greffer sont :

1° Un greffoir, destiné à tailler les greffes, fendre les écorces et faire les entailles. Le greffoir doit être accompagné d'une stapule en os pour soulever les écorces ;

il est urgent que cet instrument soit bien fait, et surtout
très-tranchant :

2° Une égohine ou scie pour couper la tête des
arbres ;

3° Une serpette pour polir les plaies faites par la
scie ;

4° Un coin en ivoire ou en bois dur, pour tenir la
fente ouverte quand on place la greffe ;

5° Enfin un engluement quelconque pour soustraire
les plaies au contact de l'air. Il y en a de toutes sortes,
depuis l'onguent de saint Fiacre jusqu'au mastic *L'homme
Lefort*. L'onguent de saint Fiacre, composé de terre argileuse et de bouse de vache, a l'inconvénient d'abriter
les plaies imparfaitement et de servir de refuge aux insectes. Les mastics valent mieux, ceux qu'on emploie
chauds nécessitent l'embarras d'un réchaud, et vous ex-
posent toujours à brûler les arbres. Le mastic *L'homme
Lefort* s'emploie à froid, il est commode, ne présente
aucun danger, et coûte meilleur marché. On y trouve
économie, commodité et célérité.

Nous diviserons nos greffes en trois séries : les greffes
par approche, par rameau et par gemme ou œil.

GREFFES PAR APPROCHE.

1° La greffe *Agricola* est employée avec succès pour
mettre une branche à un arbre, lorsque les écorces sont
trop dures pour permettre l'insertion d'un rameau. On
cherche dans le voisinage du vide un rameau qui puisse
s'y appliquer, on pratique d'abord avec la petite scie à
main, à l'endroit où l'on veut placer la greffe, une entaille en forme de Λ renversé, assez profonde pour atteindre le corps ligneux. Le but de cette entaille est de
concentrer une partie de l'action de la sève sur la greffe.
Voici comment :

Nous savons que les vaisseaux séveux communiquent
tous entre eux par leurs ouvertures latérales. En conséquence, si nous pratiquons une incision en biais, la sève
des vaisseaux coupés placée à la partie la plus basse,

ayant toujours tendance à monter, passera dans les vaisseaux de la partie la plus élevée, et ainsi de suite jusqu'au sommet de l'entaille. Donc notre entaille ayant la
forme du Λ renversé, la sève de tous les vaisseaux coupés
de chaque côté se concentrera à la pointe du Λ renversé
où nous placerons notre greffe. Si notre entaille embrasse
le tiers du périmètre de l'arbre, le tiers de la sève de
l'arbre sera mis à la disposition de la greffe qui ne tar-
dera pas à gagner en vigueur les autres branches. On fait
l'entaille plus ou moins ouverte et plus ou moins profonde, suivant la quantité de sève nécessaire pour équilibrer la greffe avec les autres branches.

Lorsque l'entaille est faite, on pratique avec le greffoir,
au centre du Λ renversé où affluera toute la sève, une
entaille verticale de cinq à six centimètres de long, d'une
largeur et d'une profondeur égales au diamètre du rameau, puis on incise le rameau de chaque côté pour
mettre ses vaisseaux séveux à découvert et de façon à ce
que la partie incisée s'ajuste dans l'entaille faite au corps
de l'arbre. On lie avec de la laine et l'on recouvre le tout
de mastic à greffer.

Pendant le cours de la végétation, le rameau greffé se
soude au corps de l'arbre. L'année suivante on sèvre la
greffe, c'est-à-dire qu'on la coupe à la base et l'on remet
en place la branche qui l'a fournie.

2° La greffe anglaise, *Aiton*, est la plus énergique et la
plus solide pour souder ensemble les arbres en cordons.
On pratique avec le greffoir, sur le coude de l'arbre en
cordon et sur le rameau que l'on veut y greffer, une entaille de même dimension, longue de 4 centimètres environ et pénétrant jusqu'au tiers du bois. On pratique ensuite une esquille en sens inverse vers le tiers de l'incision, on fait entrer ces deux esquilles l'une dans l'autre,
on lie simplement avec de la laine, et huit jours après la
greffe est soudée.

3° La greffe herbacée *Jard* est l'une des plus utiles
pour regarnir les branches dénudées du pêcher et de la
vigne. Voici comment on opère : Lorsqu'il y a un vide
sur une branche, on choisit un bourgeon vigoureux dans
le voisinage de ce vide, et l'on favorise son développe-

ment jusqu'à ce qu'il puisse le recouvrir entièrement. Alors on pratique de distance en distance, sur toute la partie dénudée, des incisions longues de 3 à 4 centimètres, terminées à chaque bout par une incision transversale, on soulève l'écorce de chaque côté avec la spatule du greffoir ; on fait ensuite au bourgeon des entailles pénétrant jusqu'au tiers de son épaisseur, de manière à ce qu'elles s'appliquent juste sur les incisions. On insère chaque partie entaillée du bourgeon sur l'aubier mis à nu de la branche, et on lie avec de la laine. Les soudures s'opèrent pendant le cours de la végétation, et l'année suivante on peut couper le bourgeon à chaque extrémité de l'incision ; l'œil placé au milieu fait partie de la branche opérée et peut s'y développer comme s'il était né sur cette branche. Cette greffe peut être appliquée à toutes les espèces à noyaux et se pratiquer de juin à septembre.

4° La greffe herbacée *Leberryais*, pour augmenter le volume des fruits. Cette greffe, bien que très-énergique, se pratique rarement ; elle demande trop de temps et trop de soins pour être faite en grand ; elle ne peut servir qu'aux amateurs et quelquefois aux spéculateurs pour obtenir quelques fruits monstrueux.

Lorsqu'un fruit est bien sain et se développe rapidement, on laisse pousser sur l'un des rameaux situés au-dessous un bourgeon vigoureux ; dès que ce bourgeon peut atteindre au pédoncule du fruit, on pratique sur le pédoncule ou queue du fruit et sur le bourgeon deux entailles correspondantes, on les applique l'une sur l'autre et on lie avec de la laine. Dès que la greffe est soudée, on pince le bourgeon rez de la greffe, pour arrêter son élongation et le forcer à donner toute sa sève au fruit sur lequel il est greffé. Ce fruit, recevant la sève de deux côtés, atteint un volume énorme.

GREFFES PAR RAMEAUX.

Avant de décrire les greffes par rameaux, je ne saurais trop recommander de couper les greffes pendant le repos absolu de la végétation ; les mois de décembre et de janvier sont les plus favorables. On réunit les rameaux destinés à être greffés par paquets, on y met des étiquettes en plomb ou en zing pour les reconnaître, puis on les enterre à trente centimètres de profondeur à l'endroit le plus froid du jardin. Il faut bien se garder de placer ces greffes debout; elles doivent être couchées et complétement enterrées. Voici pourquoi :

Il est nécessaire, pour assurer la reprise des greffes par rameaux, que le sujet soit en sève, et la greffe sur le point d'y entrer. De cette loi, la nécessité de retarder la végétation des greffes, chose facile en se servant des moyens ci-dessus indiqués.

La plus ancienne et la plus usitée des greffes par rameaux est la greffe *Atticus*, la plus dangereuse de toutes pour la santé et pour la vie des arbres. Elle consiste à décapiter le sujet, le fendre au milieu et insérer un rameau dans cette fente. Cette greffe reprend incontestablement; mais elle est toujours la cause d'une foule de maladies, quand elle n'amène pas la mort de l'arbre. Lorsque le sujet est très-gros, la fente est longtemps à se reboucher; l'air y pénètre toujours, et il est rare qu'il ne s'y déclare pas un chancre. Dans les fruits à noyaux, la gomme est la compagne inséparable de cette greffe.

Quelquefois on place deux greffes pour obtenir plus vite la soudure de la plaie. Les mêmes inconvénients existent toujours; l'eau, en séjournant sur la coupe horizontale, comme dans une cuvette, produit des maladies inévitables. De plus, lorsqu'on taille les deux greffes, l'une étant plus vigoureuse que l'autre, la tête de l'arbre n'est pas équilibrée, et lorsque, par hasard, les greffes acquièrent une vigueur égale, il est bien rare qu'un orage ne vienne pas fendre l'arbre jusqu'au sol, et cela lorsqu'il a atteint le maximum de production.

Il faut proscrire la greffe en fente d'une manière presque absolue, c'est-à-dire n'y avoir recours que dans le cas où toute autre greffe est impraticable, et encore faudra-t-il employer la greffe *Bertemboise*.

Greffe *Bertemboise*, — Au lieu de couper la tête de l'arbre horizontalement, on la coupe en biseau, afin de faire affluer la sève de tout le périmètre de l'arbre à l'extrémité du biseau. On fend la partie la plus élevée avec la serpette, en ayant soin de couper l'écorce avant de fendre, afin d'éviter de la déchirer, ce qui pourrait compromettre le succès de la reprise.

On taille le rameau en biseau long de 3 à 4 centimètres et un peu en lame de couteau, de façon à ce que le côté intérieur soit moins large que celui qui s'ajuste sur l'écorce du sujet. Il faut, en outre, avoir le soin de commencer les entailles de la greffe de chaque côté d'un œil, qu'il faut toujours réserver à la base, et, dans tous les cas, ne jamais laisser que trois yeux au plus sur une greffe. On introduit ensuite un coin dans la fente pour la maintenir ouverte; on y place la greffe de manière à mettre en contact ses vaisseaux séveux avec ceux du sujet, ce qui est infaillible quand on a le soin de bien ajuster la greffe par le haut et de la faire ressortir d'un ou deux millimètres par le bas. On bouche ensuite la fente et on couvre tout le biseau avec du mastic à greffer.

La greffe Bertemboise se pratique vers le 15 mars.

La coupe du sujet en biseau présente les avantages suivants :

1° De concentrer l'action de tous les vaisseaux séveux sur un seul point, celui où l'on pose la greffe;

2° De pratiquer une fente moins large et désorganisant moins l'arbre que sur les coupes horizontales;

3° D'être plus facile à recouvrir, et de ne jamais laisser sur les arbres ces difformités que l'on remarque à toutes les anciennes greffes, et qui sont autant d'obstacles à l'ascension de la sève et à la descente du cambium.

Donc, lorsque nous aurons un arbre à décapiter pour y appliquer n'importe quelle greffe, il faudra que la coupe soit toujours en biseau, jamais horizontale.

Greffe en *fente anglaise*. — Cette greffe reprend toujours : c'est la plus solide et la plus énergique ; elle est d'un grand secours dans la pépinière lorsque les écussons ont manqué, et dans le jardin fruitier pour raccommoder les branches cassées. Elle exige que le sujet et la greffe aient à peu près la même grosseur.

On coupe le sujet en biseau très-allongé, et on pratique une fente vers le milieu de ce biseau.

On taille la greffe en biseau de même longueur et on y pratique une fente en sens inverse. On fait chevaucher les esquilles l'une dans l'autre; on lie, et on mastique ensuite.

Cette greffe se pratique vers le 15 mars. Elle peut être faite en toutes saisons pour raccommoder les branches cassées, même en pleine végétation; seulement il faut avoir le soin d'effeuiller la branche greffée et de la soustraire à la lumière pendant quelques jours.

La greffe en *fente-bouture*, applicable à la vigne, permet de changer un cépage instantanément et sans interruption de récolte; elle est d'un grand secours dans le jardin fruitier pour tirer parti des vieilles vignes et de celles qui sont épuisées.

Cette greffe se fait sous terre. On déchausse la vigne à greffer de 25 à 30 centimètres; on la coupe en biseau très-allongé et l'on fait une fente vers le milieu du biseau. On choisit pour greffe une bonne crossette longue de 35 à 40 centimètres; on pratique vers le milieu une entaille de la même dimension que le biseau du sujet, et une fente en sens inverse au milieu de cette entaille. puis on fait entrer l'esquille qui en résulte dans la fente du sujet, en ayant le soin de bien ajuster les écorces d'un côté seulement. On lie, on couvre le tout de mastic; on rechausse ensuite le sujet et l'on taille la greffe sur deux yeux.

Cette greffe se pratique vers le 15 mars.

Voici ce qui a lieu dès que la végétation s'éveille:

La greffe reçoit la sève du sujet, les yeux s'allongent, les premières feuilles se déploient. Le cambium élaboré par les feuilles vient non-seulement souder les plaies de la greffe, mais encore faire pression sur la crossette et y détermine bientôt une abondante émission de racines. Deux mois après son application, la greffe est pourvue d'un double appareil de racines: de celui du sujet et de celui formé à l'extrémité de la crossette. La végétation de la greffe est tellement vigoureuse, qu'elle est en état de porter des fruits l'année même de son application.

A l'exception de la greffe en *fente anglaise* et de la greffe en *fente-bouture* dont les soudures sont trop vite opérées pour nuire à l'arbre, il ne faudra pratiquer que la greffe en *fente Bertemboise*, et cela quand il sera matériellement impossible de soulever les écorces. Dans le cas contraire, la greffe en *couronne Du Breuil* remplacera toutes les greffes en fente avec d'immenses avantages.

La greffe en *couronne Du Breuil*, tout aussi solide que la greffe en fente, offre les avantages suivants :

De ne pas désorganiser l'arbre ;

D'offrir double chance de reprise ;

De n'être pas plus longue à faire que la greffe en fente, et, toutes choses égales d'ailleurs, de donner toujours lieu à une végétation plus prompte et plus vigoureuse que toutes les autres.

Je ne saurais trop recommander la greffe inventée par l'éminent professeur, à l'exclusion de toutes les autres, chaque fois qu'il sera possible de soulever l'écorce avec la spatule. Voici comment elle s'opère :

On coupe le sujet en biseau comme pour la greffe *Bertemboise*. On pratique une fente verticale sur l'écorce, au sommet du biseau et un peu de côté, on soulève l'écorce du sujet d'un côté seulement, du plus large. On taille la greffe en bec de flûte, en ayant soin de former à la naissance du bec de flûte un crochet formant un angle aigu, qui viendra s'adapter sur l'extrémité du biseau ; on incise dans toute sa longueur le côté du bec de flûte destiné à s'ajuster sur l'écorce non soulevée, puis on insère la greffe sous l'écorce soulevée ; on lie et on mastique ensuite.

On pratique cette greffe vers le 15 avril.

La reprise de la greffe en couronne Du Breuil est plus facile que celle de la greffe en fente ; elle est applicable aux plus gros arbres comme aux espèces les plus délicates ; elle ne désorganise pas les sujets, n'engendre aucune maladie, et donne toujours lieu à une végétation luxuriante. C'est une précieuse découverte, pour les arbres à noyaux, toujours exposés à la gomme ; et surtout pour le pêcher, sur lequel elle donne d'excellents résultats, et qui n'a pu jusqu'ici supporter que la greffe en écusson.

Il est urgent, pour toutes les greffes par rameaux dont je viens de parler, de laisser pousser quelques bourgeons sur le sujet, afin d'attirer la sève dans la greffe, mais en surveillant la végétation de ces bourgeons, en l'arrêtant par les pincements, pour qu'ils n'acquièrent pas plus de vigueur que la greffe; dès que celle-ci commence à bien végéter, on supprime entièrement ces bourgeons, afin de faire profiter la greffe de toute la sève du sujet.

La greffe de côté *Richard* est fort utile dans le jardin fruitier pour remplacer des branches absentes.

On commence par pratiquer, à l'endroit où l'on veut placer une branche, une incision en Λ renversé, afin de concentrer l'action de la sève sur ce point. On choisit pour greffe un rameau cintré, on le taille en biseau allongé; on pratique ensuite sur l'écorce une incision en T, on la soulève avec la spatule du greffoir, et l'on insère le rameau sous l'écorce; on lie et on mastique.

Cette greffe se fait vers le 15 mars.

La greffe *Girardin* est des plus utiles dans le jardin fruitier; elle permet de placer sur un arbre vigoureux les fruits d'un arbre faible; elle est d'un grand secours, en remplaçant au bénéfice de l'arbre et du cultivateur, les mutilations réitérées pour mettre à fruit les arbres rébelles et pour modérer la végétation excessive de quelques branches sur des arbres mal équilibrés.

Vers la fin d'août jusqu'aux premiers jours de septembre, on enlève sur tous les arbres du jardin fruitier les boutons à fruits destinés à tomber à la taille et on les greffe sur d'autres arbres. L'opération est des plus faciles. Lorsque les rameaux à fruits sont latéraux, on les enlève comme un écusson, mais avec cette différence qu'il faut laisser plus de bois au centre, afin d'éviter de blesser le bouton à fruit : si le bouton à fruit est terminal, c'est-à-dire placé à l'extrémité du rameau, on le coupe à une longueur de quatre ou cinq centimètres, et l'on taille l'extrémité en biseau. Dans l'un et l'autre cas, on pratique une incision en T sur l'écorce de l'arbre, on la soulève avec la spatule, et l'on glisse son rameau à fruit latéral ou terminal sous l'écorce; on lie et on mastique ensuite les ouvertures avec soin. Il ne faut pas oublier de couper les feuilles dès que le rameau à fruit est détaché de l'arbre.

Les boutons à fruits greffés en août et septembre fleurissent au printemps suivant et rapportent des fruits comme s'ils étaient restés sur le pied-mère. Cette ingénieuse opération, applicable au poirier et au pommier seulement, offre d'immenses ressources dans le jardin fruitier. Ainsi, quand un arbre s'emporte et produit des gourmands, il est facile d'arrêter sa végétation en y greffant quelques boutons à fruits de grosses variétés. Le nombre est subordonné à la vigueur de la branche. L'année suivante, le gourmand, qu'on eût retranché au préjudice de l'arbre, cesse de s'emporter et produit de magnifiques fruits.

Certaines variétés d'excellentes poires, comme les crassanes, le bon-chrétien d'hiver, etc., font attendre leurs fruits longtemps. En voici la cause :

Ces arbres poussant très-vigoureusement, leur sève circule avec trop d'activité pour permettre à la fructification de s'établir; ils ne montrent ordinairement de boutons à fruit que lorsque leurs nombreuses ramifications permettent à la sève de circuler lentement. Nous savons qu'en principe les fleurs n'apparaissent que sur les rameaux faibles, et par conséquent qu'un excédant de sève empêche toute fructification. Absorbons l'excédant de sève, l'arbre se mettra immédiatement à fruit.

Au lieu de mutiler l'arbre, mettez-lui des fruits, greffez un nombre de boutons en rapport avec sa vigueur et son étendue; les fruits greffés absorberont l'excédant de sève, et l'année suivante, non-seulement vous récolterez les fruits greffés, mais encore l'arbre se couvrira naturellement de fleurs, par le seul fait de l'absorption de son excédant de sève.

Nous avons une foule d'excellentes poires, telles que le van Mons-Léon-Leclerc, les délices d'Ardempont, etc., à la culture desquelles on renonce, parce que la végétation des arbres est désespérante, il faut des années pour obtenir un arbre rabougri et maladif. La greffe Girardin nous offre les moyens de cultiver ces variétés avec succès. Voici comment :

Plantez dans votre jardin un poirier de *sucré-vert* ou de *beurré d'amanlis*, sur franc, pour les variétés de saison, un poirier de *curé* ou de *catillac*, également sur franc, pour les variétés d'hiver; soumettez ces arbres à une grande forme, et dès que les branches seront assez fortes, couvrez-les de boutons à fruit de toutes les variétés faibles; greffez vingt espèces sur le même arbre, il n'y a pas d'inconvénient dès l'instant où vous ne greffez que des boutons à fruit. Au fur et à mesure de la reprise des greffes, détruisez les rameaux à fruit de l'arbre, il vous restera une charpente vigoureuse couverte de greffes étrangères et produisant chaque année une quantité de beaux et bons fruits.

Il nous reste à parler d'une dernière greffe : de celle en écusson. Elle consiste à enlever, vers le mois d'août, un œil de la variété que l'on veut greffer et à l'insérer dans l'écorce du sujet. On s'est livré à de longues dissertations sur le mode d'enlever les écussons; certains auteurs attachent une grande importance à ne pas laisser d'amende (un peu de bois au-dessous de l'œil); pour mon compte, je n'y vois pas d'inconvénient quand on n'en laisse pas trop. L'écusson enlevé, on fait une incision en T sur le sujet, on soulève les écorces, puis on glisse l'écusson sous l'écorce, en ayant surtout le soin de laisser dépasser un peu le haut de l'écusson, afin de pouvoir le couper de manière à ce qu'il soit bien ajusté sur la coupe traversale de l'incision faite au sujet. On lie ensuite avec de la laine, en prenant la précaution de serrer un peu autour de l'œil. Huit jours après, on desserre la laine pour éviter l'étranglement. Au printemps suivant, on coupe le sujet à 10 centimètres au-dessus de la greffe; on laisse pousser quelques petits bourgeons sur le chicot pour appeler la sève dans la greffe. Dès que celle-ci a produit un bourgeon de 15 à 20 centimètres de long, on supprime tous ceux du sujet, puis on attache la greffe avec un jonc sur le chicot, qui est coupé à son tour rez de la greffe au mois d'août.

Beaucoup de praticiens et même de pépiniéristes ne coupent les chicots qu'à la fin de l'année. C'est un tort, surtout si l'on déplante les arbres. La plaie toute vive est exposée aux intempéries, tandis que lorsque la section est faite en août, elle a le temps de se recouvrir partiellement avant l'hiver; l'arbre souffre beaucoup moins.

DU CHOIX DES ARBRES.

Le choix des arbres à planter demande les plus grands soins, car on ne peut obtenir de bons résultats, et surtout les obtenir promptement, qu'en plantant des arbres d'élite. L'économie la plus ruineuse est celle que l'on fait sur l'achat des arbres ; dans ce cas, il y a toujours double perte : perte d'argent et perte de temps.

Dans une plantation de mille arbres, bien faite, et avec des sujets de choix, il y aura à peine vingt arbres à remplacer ; la plupart de ces arbres, s'ils sont bien dirigés, donneront des fruits la seconde année de la plantation; un minimum de deux fruits par arbre en moyenne.

Dans la même plantation, faite avec les mêmes soins et avec de mauvais arbres, le premier tiers mourra pendant l'année, le second tiers restera chétif, malingre, et périra pendant la seconde et la troisième année. Le dernier tiers seulement donnera des résultats à peu près satisfaisants.

En principe, il ne faut jamais planter que des greffes d'un an, si l'on veut obtenir une bonne végétation et une prompte fructification. Voici pourquoi :

Une greffe d'un an peut être déplantée avec toutes ses racines; l'arbre très-jeune et pourvu de tout son appareil de racines pousse vigoureusement la seconde année. En outre, ce même arbre n'ayant jamais reçu de taille n'offre aucune difformité et est exempt des nombreuses maladies causées par les mauvaises amputations.

On a généralement la mauvaise habitude de planter des arbres très-gros, dans l'espoir d'obtenir des fruits plus vite. Voici ce qui a lieu : L'arbre déjà fort est pourvu d'un volumineux appareil de racines ; la moitié et souvent les trois quarts des racines sont brisées par le fait de la déplantation. On plante un arbre mutilé, il souffre pendant trois ou quatre ans et meurt après avoir

donné quelques fruits qui atteignent à peine la moitié
de leur volume. Si l'on eût planté une greffe d'un an,
on aurait obtenu un excellent arbre en trois ou quatre
ans.

Dans tous les cas, nous planterons des greffes d'un an.
Il faut que ces arbres aient poussé vigoureusement dans
la pépinière, que les écorces du sujet soient bien lisses
et exemptes de cicatrices, que celles de la tige soient vives,
et tous les yeux bien formés. En outre, l'arbre doit être
déplanté avec toutes ses racines.

Les arbres de choix valent en moyenne, suivant les années, de 60 à 70 francs le cent. Toutes les fois que le propriétaire paiera un prix inférieur à celui-là, il sera exposé à acheter des arbres faibles, difformes, abîmés par
de mauvaises tailles et ayant perdu une grande partie de
leurs racines.

QUATRIÈME LEÇON.

—

PRÉPARATION DU SOL.

Lorsque le sol est de même qualité jusqu'à la profondeur d'un mètre, il n'y a qu'à défoncer les plates-bandes, en plein ; mais si l'on trouve de la mauvaise terre à une profondeur de moins d'un mètre, il faut retirer des allées toute la bonne terre, la jeter sur les plates-bandes, et mettre à sa place la mauvaise terre des plates-bandes. Lorsqu'on a un amendement à introduire dans le sol, il faut le répandre également sur les plates-bandes avant de défoncer.

Les défoncements doivent être faits à une profondeur de 80 centimètres dans les sols argileux, d'un mètre dans les sols de consistance moyenne, et d'un mètre 20 centimètres dans les sols siliceux. Voici comment on précède : On ouvre sur un bout de la première plate-bande du jardin une tranchée de la profondeur voulue sur une longueur de deux mètres ; on porte la terre avec la brouette à l'extrémité de la dernière plate-bande. Le terrassier coupe avec sa pioche une tranche de terre de 30 à 40 centimètres d'épaisseur, en ayant soin de mélanger la terre du dessus et du dessous en la faisant tomber au fond de la tranchée ; il ramasse ensuite cette terre avec la pelle, la jette derrière lui, et ainsi de suite jusqu'au bout de la plate-bande, où il reste un vide qu'il bouche avec la terre de l'ouverture de la tranchée de la plate-bande voisine. On marche ainsi jusqu'à la dernière plate-bande, où l'on trouve la terre de l'ouverture de la première tranchée pour combler le dernier vide.

Il est urgent de bien mélanger ensemble toutes les couches de terre, et, dans tous les cas, celui qui défonce ne doit se servir que de deux outils : la pioche et la pelle. J'insiste sur ces deux points parce que les personnes peu habituées à faire exécuter ces sortes de travaux se laissent souvent influencer par les ouvriers, et il en résulte toujours pour elles une dépense double au moins pour faire un mauvais travail.

Le mélange des diverses couches de terre est indispensable pour former le sol de la profondeur d'un mètre de même qualité et surtout de même consistance. Les racines de la plupart des espèces n'atteignent jamais cette profondeur, mais cette terre remuée profondément, fournit toujours aux racines, par l'effet de la capilarité, l'humidité dont elles ont besoin. Lorsque le défoncement est moins profond, ou que le mélange des terres est mal fait, la sécheresse atteint presque toujours les arbres.

J'insiste sur l'emploi de la pioche et de la pelle, en proscrivant la bêche d'une manière absolue, parce que les ouvriers qui n'ont pas la pratique des défoncements veulent toujours les faire à la bêche. Voici ce qui a lieu dans ce cas : Ils enlèvent le premier fer de bêche, la terre la meilleure et la jettent au fond de la tranchée ; le second fer de bêche vient recouvrir le premier, le troisième recouvre le second, et enfin le quatrième, le fond de la tranchée, forme le dessus du sol. C'est un travail pitoyable, le sol retourné sens dessus dessous peut rester infertile pendant quelques années ; si la terre est un peu argileuse chaque coup de bêche forme une petite brique, la terre n'est pas aérée, les mottes ne sont pas brisées ; il eût mieux valu se tenir tranquille. Indépendamment de ces graves inconvénients, le défoncement à la bêche revient très-cher, surtout quand il est fait à la journée.

Les défoncements doivent être exécutés par un temps sec ; il faut veiller à ce qu'ils soient bien faits, et ne jamais les donner à faire qu'à la tâche. Le prix moyen du mètre cube est de 20 centimes. A ce prix, il y a avantage pour le propriétaire et bénéfice pour l'ouvrier laborieux.

Lorsque le défoncement est fait, on laisse la terre se tasser pendant un mois ou six semaines, puis on pose les palissages, ensuite on fume abondamment les plates-bandes en plein, et l'on enterre la fumure par un labour. Les défoncements peuvent se faire en toute saison, cependant il est préférable de les exécuter avant l'époque des pluies, qui souvent vous font perdre un temps précieux.

Lorsque le jardin a besoin d'être drainé, on peut procéder au défoncement sans se préoccuper du drainage; il peut se faire après coup, et même après la plantation; les drains étant toujours placés dans les allées, ainsi que le collecteur.

PLANTATION.

Avant de demander les arbres nécessaires pour planter le jardin fruitier, il faut examiner avec soin la liste des variétés de chaque espèce pour se rendre compte de leur époque de maturité. On commence par les poires et par les pommes, les deux espèces de plus longue durée et de plus longue garde. On calcule le nombre d'arbres qu'il faut demander de chaque variété, suivant leur époque de maturité, et de manière à récolter un nombre égal de pommes et de poires depuis le mois de juillet jusqu'au mois de juin de l'année suivante, en étant très-sobre toutefois de variétés de saison mûrissant à la même époque que les abricots, les prunes et les pêches.

Quand on a fait le classement des variétés de poiriers et de pommiers, on procède a celui des cerisiers, des abricotiers, des pruniers et des pêchers, de manière à en prolonger la récolte le plus possible.

Les cerisiers doivent donner des fruits depuis la fin de mai jusqu'à la fin d'octobre ; les abricotiers, depuis le 15 juillet jusqu'à la fin de septembre ; les pruniers, depuis la fin de juillet jusqu'au 15 novembre, et les pêchers, depuis la fin de juillet jusqu'au 15 octobre.

Lorsqu'on a choisi les espèces et les variétés que l'on doit planter, il faut avoir le soin de faire transporter les arbres, immédiatement après la déplantation, et de les mettre en jauge aussitôt arrivés, variété par variété, dans un coin du jardin où ils doivent être plantés, afin de laisser les racines à l'air le moins possible. Si les arbres viennent de loin, il faut les déballer et les mettre en jauge assitôt reçus.

La plantation demande à être faite très-soigneusement, mais aussi très-vivement; pour atteindre ce double résultat on opère ainsi :

On commence par faire tous les trous et toutes les tranchées : des trous carrés de 50 centimètres de côté et de 40 de profondeur pour les poiriers, les cerisiers, les abricotiers, les pruniers et les pêchers, et de 30 centimètres cubes pour les pommiers. Pour les cordons obliques et verticaux, plantés à 40 et 30 centimètres de distance, on fait une tranchée continue de la largeur et de la profondeur de 40 centimètres.

Malgré la fumure en plein qui a été donnée avant, il est utile de mettre un peu d'engrais au fond des trous et des tranchées, d'en déposer deux poignées environ à côté de chaque trou et un peu sur toute la longueur des tranchées. Ceci fait, on se dispose à planter.

La plantation du jardin fruitier comprend trois opérations principales : *l'habillage*, *la mise en terre* et *le chaulage*.

L'HABILLAGE consiste à couper seulement l'extrémité des racines desséchées ou cassées; la section ne doit être faite qu'*avec une serpette* bien tranchante, un peu en biseau et de façon à ce que la coupe du biseau repose à plat sur le sol. Ceci est très-important, voici pourquoi : lorsque la coupe du biseau repose sur le sol, le cambium descend également tout autour de la plaie, y forme un bourrelet qui la recouvre très-promptement, et bientôt ce bourrelet donne naissance à des racines, tandis que lorsque la section a été faite en sens inverse, c'est-à-dire que la pointe du biseau est piquée dans la terre et la plaie en hauteur, le cambium descend à l'extrémité du biseau, où il a beaucoup de difficulté à former un bourrelet, tout en laissant la plaie à découvert. Alors la cicatrisation est très-longue, l'émission de racines n'a pas lieu, et, souvent, la plaie longtemps découverte est atteinte par les chancres ou la carie, qui font périr la racine au grand détriment de l'arbre.

L'habillage ne doit être appliqué qu'aux racines mutilées ou desséchées; celles qui sont restées intactes doivent être conservées avec le plus grand soin, car elles sont toutes terminées par des spongioles, et nous savons que les spongioles sont les seuls organes ayant la faculté de puiser dans le sol l'eau et les substances nutritives qu'elle tient en dissolution, de les introduire dans l'arbre, où, sous le nom de sève, elles viennent concourir à l'accroissement.

Lorsqu'on plante un arbre avec toutes ses racines, il ne souffre de la déplantation que pendant la première année; la seconde il pousse avec une vigueur extrême. Si l'on a coupé à ce même arbre la moitié ou les trois quarts de ses racines, en le plantant, ce que certains jardiniers appellent *rafraîchir les racines*, la reprise, s'il ne meurt pas, ce qui aura lieu six fois sur dix, sera très-longue et très-difficile. Voici pourquoi : Presque toutes les spongioles étant supprimées, la tige recevra une quantité de sève insuffisante pour développer des bourgeons. Il poussera quelques feuilles seulement, qui n'élaboreront pas assez de cambium pour former de nouvelles racines. L'arbre poussera quelques mauvais bourgeons pendant deux ou trois ans, et alors seulement qu'il sera pourvu de nouvelles racines, il commencera à pousser, si toutefois les écorces n'ont pas trop durci.

Immédiatement après l'habillage, on procède à la mise en terre. Voici comment on opère pour les arbres d'espalier : Si ce sont des cordons obliques ou verticaux, on fait une tranchée continue et l'on place une latte de sciage sur le mur, à la place qui doit être occupée par chaque arbre. On place l'arbre en face de la latte, en laissant une distance de 15 à 18 centimètres entre l'arbre et le mur, et en ayant soin de placer la greffe en avant.

Cette distance entre l'arbre et le mur est nécesaire pour éviter de coller la moitié des racines contre le mur, et pour permettre à l'arbre de grossir sans être écrasé contre les pierres, ce qui arrive toujours quand on l'accote au mur.

Les greffes doivent être placées en avant, d'abord

parce qu'étant plus exposées à la lumière, les arbres végètent mieux, se redressent plus facilement, et que le mur offre à la section de la greffe un abri naturel contre les intempéries; ensuite parce que la plantation faite ainsi est plus régulière et plus agréable à l'œil.

Lorsque l'arbre est ajusté, un homme le tient d'une main et étale bien ses racines de l'autre tout autour et surtout en avant; son aide pulvérise bien la terre avec la bêche, on jette très-peu à la fois sur les racines, en secouant sa bêche de manière à la faire tomber tout autour de l'arbre.

Les racines des arbres sont toujours placées par étages superposées. Si on remplissait la tranchée tout d'un coup, la terre, en tombant, réunirait l'extrémité des racines des différents étages par paquets au fond de la tranchée. Il en résulterait, indépendamment d'une gêne excessive pour les racines, que les spongioles agglomérées sur le même point ne profiteraient que des engrais placés sur ce point; en outre les racines, enterrées trop profondément et privées de l'influence de l'air indispensable à leur développement, fonctionneraient mal, et donneraient lieu à une végétation malingre et chétive pendant deux années au moins.

Pendant que l'aide recouvre de terre le premier étage de racines, celui qui tient l'arbre relève avec une main les étages supérieurs, et couche avec l'autre chaque racine au fur et à mesure, dès que la terre arrive au niveau de sa base. Aussitôt les racines placées et recouvertes de trois à quatre centimètres de terre, le même homme prend un peu d'engrais et le répand à l'extrémité des racines; puis son aide recouvre le tout de terre pendant qu'il ajuste l'arbre suivant.

Un arbre ainsi planté pousse toujours bien; ses racines placées comme avant la déplantation, bien étendues tout autour et séparées par des lits de terre, profitent abondamment des engrais et fonctionnent avec la plus grande énergie.

Il est urgent de planter tous les arbres de la même espèce à la même profondeur, afin d'obtenir une végétation égale, et surtout de les planter à la profondeur voulue. On peut établir une moyenne de profondeur, suivant la nature du sol, entre ces deux extrêmes.

Dans les sols argileux peu perméables à l'air, les premières racines ne devront être enterrées qu'à deux ou trois centimètres de profondeur, et à dix ou douze dans les sols siliceux très-exposés à la sécheresse.

On procède à la mise en terre des arbres isolés et de plein vent comme pour ceux d'espalier. Les racines doivent être étalées de la même manière et séparées par des lits de terre. Il est urgent de repiquer le trou ou de l'élargir si les racines n'y entrent pas aisément, afin de pouvoir les étendre, au lieu de couper les plus grandes, comme le font la plupart des jardiniers pour s'éviter la peine d'agrandir le trou. On met, comme je l'ai déjà dit, un peu d'engrais au fond du trou, et l'on en met un peu aussi lorsque les racines sont placées et recouvertes de quelques centimètres de terre, en ayant soin de placer cet engrais à l'extrémité des racines, et par conséquent à la portée des spongioles.

Cette dernière fumure est d'un grand secours pour la reprise de l'arbre quand elle est bien appliquée. J'insiste sur ce point parce que généralement on agglomère les engrais au collet de la racine; une fumure ainsi placée est de nul effet; l'arbre ne peut jamais en profiter, en ce qu'elle est hors de la portée des spongioles, les seuls organes absorbants des racines. C'est toujours à l'extrémité des racines et jamais au collet que les engrais doivent être déposés. On a aussi généralement la mauvaise habitude d'enfouir les engrais trop profondément; les eaux pluviales entraînent les parties qu'elles ont dissoutes, et dans ce cas le sous-sol, où les racines ne pénètrent pas, est parfaitement fumé, tandis que la couche de terre dans laquelle elles vivent est privée d'engrais.

La dernière fumure, placée à l'extrémité et au-dessus des racines, lorsqu'elles ont été recouvertes de quelques centimètres de terre, produit des résultats immédiats et certains, en ce que dissoute, et entraînée par les pluies, elle vient saturer la couche de terre occupée par les spongioles et fournit une abondante nourriture à l'arbre.

Dans aucun cas, on ne doit fouler les racines des arbres

avec le pied. Cette pratique, trop usitée malheureusement, produit les effets les plus désastreux. D'abord elle brise la majeure partie des radicelles et prive l'arbre d'autant de spongioles ; ensuite la terre sur laquelle on a piétiné est imperméable à l'air, sans l'influence duquel les racines ne peuvent croître et fonctionner. Lorsque le sol est très-friable, on peut assujettir l'arbre en posant le pied très-légèrement de chaque côté de la tige seulement.

Pour les plantations de plein vent : palmettes alternes, grandes formes et cordons, on place la greffe en avant ; pour les contre-espaliers à deux rangs, en avant sur chaque face ; pour les pyramides, formes à cinq ailes et vases, la greffe doit être orientée au midi.

Il faut toujours opérer sinon une taille, mais au moins des suppressions sur la tige des arbres qui viennent d'être plantés ; cela est subordonné à l'état de leurs racines et à la forme à laquelle on les destine. Certains jardiniers les recèpent (les coupent au pied), c'est la plus déplorable de toutes les pratiques sur un arbre qu'on vient de planter. En supprimant la tige on prive non-seulement l'arbre du cambium de réserve dont l'action détermine la formation de nouvelles racines, mais encore on met des racines mutilées, et faibles par conséquent, dans l'obligation de produire des bourgeons assez vigoureux pour percer des écorces déjà dures, sinon l'arbre meurt ; quand il ne meurt pas, il languit pendant plusieurs années, et il faut toujours supprimer la production de deux ou trois années quand il a formé un appareil de racines qui lui permet de végéter.

Quelques jardiniers plantent et ne taillent pas du tout ; cela ne vaut pas mieux. Il y a toujours perte de racines à la déplantation, et cette perte est de moitié ou des trois quarts ; les racines, en admettant même qu'elles aient été bien placées en terre, ne peuvent fournir assez de sève à la tige pour déterminer la formation des bourgeons. Quelques feuilles seulement se déploient, les écorces durcissent, et l'année suivante l'arbre pourvu d'une mauvaise tige n'est pas enraciné.

Si l'arbre a été déplanté avec toutes ses racines et bien replanté, on peut le soumettre à la taille immédiatement, c'est une année de gagnée, mais *il faut pour cela qu'il ait été planté avec toutes ses racines.* Lorsque l'arbre, comme quatre-vingt-dix fois sur cent, a perdu la moitié ou les deux tiers de ses racines, il faut faire sur la tige une suppression égale à la perte des racines, afin que toutes deux soient en équilibre, condition indispensable pour donner lieu à une végétation satisfaisante. Si l'arbre a perdu la moitié ou les deux tiers de ses racines, il faut supprimer la moitié ou les deux tiers de la tige.

En opérant ainsi, on obtient toujours des bourgeons, et, quelque courts qu'ils soient, ils ont donné lieu à l'émission de nouvelles racines ; l'année suivante, l'arbre, pourvu d'une bonne tige et de bonnes racines, peut être taillé, et poussera toujours vigoureusement.

Le CHAULAGE, opération trop négligée dans la pratique, contribue puissamment à la reprise des arbres. On fait une bouillie un peu épaisse, composée de deux tiers de chaux éteinte et d'un tiers d'argile pour la rendre adhérente, et l'on en barbouille l'arbre tout entier immédiatement après la plantation.

Nous savons que la tige des arbres renferme dans les mailles du tissu vasculaire une certaine quantité de cambium de réserve qui concourt à la formation première des bourgeons, au réveil de la végétation. Lorsque l'arbre est replanté, les racines ne fonctionnent pas immédiatement. La tige ne reçoit donc pas de sève pour alimenter l'humidité qui lui est nécessaire, jusqu'à ce que les racines aient pris possession du sol. S'il survient quelques coups de soleil, ou, comme presque toujours au printemps, les vents desséchants de nord-est, le cambium de réserve s'évapore, et l'arbre meurt. Le chaulage, par sa teinte blanche, neutralise l'action des rayons solaires, il s'oppose à l'évaporation en formant croûte sur l'écorce ; en outre, la chaux a la propriété de stimuler les forces végétatives et d'activer la reprise des arbres.

Dès que le chaulage est bien sec, on attache l'arbre après le palissage pour qu'il ne soit pas tourmenté par les vents, et immédiatement après on donne un bon labour pour rendre perméable la terre qui a été foulée.

CINQUIÈME LEÇON.

—

DE LA TAILLE.

La taille des arbres fruitiers a pour but :

1º De soumettre ces arbres à des formes régulières, occupant très-peu d'espace et donnant beaucoup plus de fruits que les arbres abandonnés à eux-mêmes;

2º D'obtenir très-promptement une grande quantité de fruits de premier choix et de première qualité;

3º D'égaliser chaque année la production des fruits.

DES INSTRUMENTS.

Le meilleur de tous les instruments, et le seul qui devrait être employé dans la taille des arbres, est le plus ancien de tous, la serpette.

La serpette offre les avantages suivants :

1º D'expédier beaucoup plus vîte que les meilleurs sécateurs, quand on sait s'en servir;

2º De couper rez de l'œil sans laisser d'onglets, et par conséquent de permettre aux branches de pousser très-droites;

3º De produire des coupes très-nettes, très-vîte cicatrisées, et n'exposant jamais l'arbre à des maladies.

En outre, les entailles pour équilibrer la charpente des arbres à noyaux, les nombreux cassements à opérer pour obtenir des rameaux à fruits sur diverses espèces, ne peuvent être faits qu'avec la serpette. Donc la serpette est indispensable, même pour ceux qui ne voudront pas se résigner à quitter le sécateur.

La lame de la serpette doit avoir la courbe dessinée dans l'*Arboriculture fruitière*, être faite avec le meilleur acier, tranchante comme un rasoir et toujours entretenue dans un état constant de propreté. (*On ne doit jamais couper de bois mort avec la serpette.*) Cette lame doit être solidement montée dans une forte garniture de fer, afin de ne jamais jouer dans sa monture, et la garniture doit être recouverte d'une corne de cerf pour bien tenir dans la main.

Les instruments indispensables pour la taille sont :

1° Une serpette grand modèle, pour tailler et opérer les cassements ;

2° Une serpette petit modèle, pour faire les tailles en vert, et pénétrer dans les ramifications rapprochées ;

3° Un greffoir, pour pratiquer les greffes et certaines opérations délicates ;

4° Une égohine ou scie à dents de brochet, d'une certaine force, pour démonter les grosses branches ;

5° Une petite scie à main, pour pratiquer les entailles sur les poiriers.

Tous ces instruments doivent être de première qualité, bien faits et bien montés surtout ; sans quoi l'opérateur s'exposera à de nombreuses déceptions et à des dépenses de réparations et de remplacements continuelles.

On peut se procurer tous ces instruments de première qualité, garantis, et meilleur marché qu'en province, chez SALADIN, successeur de *Vigier*, rue du Faubourg-Saint-Antoine, 247, à Paris. Cette maison de coutellerie est spéciale ; elle ne fabrique que des instruments d'arboriculture, et je n'en connais nulle part qui puisse lutter avec elle pour l'excellence de sa fabrication, la loyauté et la complaisance qu'elle apporte dans toutes ses relations. En écrivant ou en faisant demander les instruments de M. Gressent, on expédiera ou l'on remettra des instruments remplissant toutes les conditions voulues, et d'une très-longue durée.

La serpette grand modèle coûte 6 fr., petit modèle 5 fr.; le greffoir et la petite scie à main, montés dans des garnitures de fer, 5 fr. chaque ; l'égohine coûte 10 fr. montée en fer et en corne, ou 3 fr. 50 c. avec un manche

4

en bois. C'est donc une somme totale de 31 fr. à dépenser pour être pourvu d'excellents instruments, ne demandant jamais de réparations et dont on ne voit pas la fin. J'ai des serpettes de la maison que j'indique, depuis plusieurs années, elles sont aussi bonnes que le jour où je les ai achetées, et je puis dire, sans crainte d'être démenti, que je taille plus d'arbres en une année que jamais jardinier n'en taillera pendant toute son existence.

J'ai dû jusqu'à ce jour proscrire le sécateur d'une manière absolue pour la taille des arbres fruitiers, et n'en permettre l'emploi que pour la vigne. Voici pourquoi : les sécateurs de tous les systèmes inventés jusqu'à présent déchirent les tissus du rameau ; la pression exercée par les lames écrase le bois ; il en résulte infailliblement ceci : si la coupe est faite rez de l'œil, il meurt ; un œil au-dessous pousse, et indépendamment de l'inconvénient d'avoir une branche tortue, on est obligé d'enlever le chicot l'année suivante ; heureux si l'on trouve du bois sain, car la plupart du temps la mortalité est descendue jusqu'à l'œil qui a poussé, et l'on enferme du bois pourri dans la branche qui, dans cet état, est brisée par le premier orage.

Les jardiniers savent si bien cela, qu'ils laissent un onglet de 15 à 20 millimètres au-dessus de l'œil ; le résultat est le même, l'œil pousse, mais le bourgeon ne pouvant recouvrir le chicot écrasé par la pression du sécateur, il se décompose, la mortalité descend jusqu'au canal médullaire, et la nouvelle pousse est supportée en partie par du bois pourri. Lorsque la branche ne casse pas, il se produit toujours un chancre ou un ulcère qui la fait périr quelques années après.

Malgré tout ce que nous avons pu dire et montrer dans nos leçons, la plupart de ceux qui avaient l'habitude du sécateur l'ont conservé ; il en est résulté la perte de la moitié des boutons à fruits. La force de l'habitude n'a pas cédé devant de semblables pertes. M. Aubert, frappé comme nous des désastres du sécateur, a rendu un immense service à l'arboriculture en inventant un nouveau sécateur très-ingénieux, très-bien fait, très-solide, et ne présentant aucun des inconvénients de tous ses devanciers.

Les sécateurs de M. Aubert ont une grande puissance, ils peuvent couper des branches très-fortes; la coupe est presque aussi nette que celle de la serpette, ils n'exercent pas de pression sur le bois, et n'engendrent pas les fréquentes maladies que j'ai signalées. M. Aubert a inventé, en outre, un sécateur avec deux divisions de lames. Charmant et excellent petit instrument, pouvant servir à la taille des arbres fruitiers, et très-précieux pour celle de toutes les espèces épineuses.

Les sécateurs de M. Aubert, je ne saurais trop le répéter, sont les seuls dont on puisse se servir sans danger pour la taille des arbres fruitiers. Non-seulement je les ai ajoutés à ma collection d'instruments, mais je les recommande à mes élèves et à mes lecteurs comme des instruments indispensables, et à l'exclusion de tous les autres sécateurs, qui ne doivent servir désormais qu'à couper du bois mort et à dépalisser les arbres.

Je ne fais qu'un reproche aux instruments de M. Aubert, c'est de n'être pas assez connus. Je lui donne avec le plus grand plaisir, comme à toute chose excellente, la publicité de cet ouvrage et celle de mes cours. De plus, j'ai chez moi un dépôt de ces instruments, afin de les propager le plus vite possible.

M. Aubert a reçu une récompense de 500 fr. du ministère de l'agriculture, dix-sept médailles d'argent dans divers concours, notamment à Paris, et à la grande exposition nationale de Nantes.

COUPE DE BOIS.

Toutes les personnes qui taillent avec les anciens sécateurs laissent des onglets, ces onglets forcent le bourgeon qui pousse à dévier de la ligne droite, immense inconvénient, dont le résultat est de produire des gourmands, d'empêcher l'arbre de se mettre régulièrement à fruits, et de donner des fruits de grosseur inégale. Ces résultats se produisent sur toutes les branches tortues; la sève les détermine en affluant dans les coudes.

Quand on taille un arbre sur lequel on a laissé des onglets, le premier soin est de les enlever rez de la pousse,
afin de permettre à la branche de se redresser. Lorsque
les onglets datent de plusieurs années, il faut apporter
l'attention la plus minutieuse à enlever tout le bois
pourri, afin d'empêcher les chancres de ronger la branche et recouvrir la plaie de mastic à greffer. C'est une
opération longue et ennuyeuse, mais elle est indispensable à la santé de l'arbre comme à sa production.

Quand on taille à la serpette, ce qui est toujours préférable, il faut prendre l'habitude de faire de bonnes sections, un peu en biseau et rez de l'œil. Cela est facile en
prenant le rameau entre le pouce et l'index de la main
gauche, à l'endroit où l'on veut le couper; en plaçant la
lame de la serpette à la hauteur de l'œil et en donnant
un coup sec. La lame de la serpette doit toujours agir
au-dessus des doigts de la main gauche, et jamais en
dessous de cette main, ce qui exposerait l'opérateur à se
blesser.

La coupe de la serpette, toujours nette, doit être faite
rez de l'œil et sans onglet, il faut avoir soin d'éviter les
coupes en sifflet, pernicieuses pour la végétation de l'œil
que l'on veut faire développer.

Lorsqu'on aura une grosse branche à couper, on se
servira de l'égohine, mais il faut toujours unir ensuite la
plaie de la scie avec la serpette, afin d'enlever toutes les
parties déchirées, et recouvrir de mastic à greffer. Toutes
les branches supprimées doivent être coupées rez le tronc
et ne jamais présenter d'onglets, afin que les écorces
puissent recouvrir la plaie sans obstacle et très-promptement.

Une amputation bien nette, faite rez le tronc et soustraite à l'influence de l'air par une couche de mastic à
greffer, est entièrement recouverte par les écorces en
moins de deux ans. Dans cet état, elle ne présente ni
inconvénient, ni danger pour l'arbre. Mais si cette même
plaie, faite avec de mauvais instruments, est déchirée,
présente des aspérités et est laissée exposée au contact de
l'air, voici ce qui a lieu : Le bois mal coupé se décarbo-
nise au contact destructif de l'oxygène de l'air; les

jeunes couches du liber, ne pouvant surmonter les aspérités de la plaie, ne la recouvrent pas; le bois se décompose toujours; il pourrit bientôt, tombe en poussière ; la
mortalité atteint l'arbre jusqu'au cœur, et une fois parve-
nue au canal médullaire, elle ne tarde pas à descendre
jusqu'au collet de la racine. Quand l'arbre ne sèche pas
sur pied, le premier coup de vent le brise si l'on n'y
apporte remède.

PRINCIPES GÉNÉRAUX DE LA TAILLE.

L'arbre, étant un être vivant et organisé comme l'animal, moins complètement organisé il est vrai, mais vivant et organisé comme lui, il souffre toujours des amputations, quelque bien faites qu'elles soient.

EXCEPTÉ POUR LA RESTAURATION DES VIEUX ARBRES, ET
DANS QUELQUES CAS EXCEPTIONNELS, ON DOIT S'ABSTENIR DE
GRANDES AMPUTATIONS DANS LA TAILLE DES ARBRES, ET APPLI-
QUER PRESQUE TOUTES LES MUTILATIONS AUX PARTIES HER-
BACÉES.

Je proscris d'une manière absolue les rognages annuels
que les jardiniers font subir aux arbres, sous prétexte de
les diriger ou de les mettre à fruits. Le plus simple bon
sens et l'expérience ont prouvé que cette méthode bar-
bare, en affaiblissant et en tuant les arbres, ne produisait
pas ou presque pas de fruits.

Notre but est de produire très-promptement une grande
quantité des plus beaux fruits; il nous faut pour cela
des arbres bien portants et vigoureux. Si nous les affai-
blissons chaque année par des mutilations, ils ne donneront plus que des fruits chétifs et pierreux, quand ils en
donneront. En outre, les tailles courtes produisent une
quantité de bourgeons latéraux vigoureux, et nous savons
que les fleurs n'apparaissent jamais que sur les rameaux
faibles.

Nous ne couperons jamais les branches pour équilibrer
des arbres mal conduits, plus vigoureux dans une partie
que dans l'autre; nous garderons tout le produit de la
végétation, et nous distribuerons la sève avec plus de fa-

cilité et de promptitude que par de brutales amputations, en employant les moyens suivants :

1° LES INCLINAISONS. — Nous savons que la sève tend toujours à monter et qu'elle se précipite avec violence dans toutes les parties verticales de l'arbre. Si deux branches, qui doivent être d'égal vigueur, présentent une grande différence, inclinons presque horizontalement la branche forte, et plaçons la faible presque verticalement; avant la fin de la saison, elles seront toutes deux d'égale vigueur. On devra incliner l'une et redresser l'autre plus ou moins et suivant la disproportion qui existe entre les deux.

2° LES PALISSAGES. — Palisser sévèrement la branche forte, ce qui lui imprime une gêne qui modère son accroissement, et laisser en liberté la branche faible. Ce moyen est très-énergique pour les arbres en espalier. La branche forte, palissée au mur, est privée d'une certaine quantité de lumière; la faible, que l'on avance en l'attachant sur un échalas, reçoit la lumière de toutes parts et croît avec une grande vigueur.

3° LES PINCEMENTS. — Pincer de très-bonne heure tous les bourgeons de la branche forte, et même le bourgeon de prolongement si la disproportion est trop grande, et laisser intacts tous ceux de la branche faible. Les pincements faits sur la branche forte suspendent momentanément la végétation et l'accroissement, en privant cette branche d'un certain nombre de feuilles. La branche faible pourvue d'une grande quantité de feuilles, croît très-rapidement.

4° LE SULFATE DE FER. — Le sulfate de fer, dissous dans l'eau (2 grammes dans un litre), a la propriété de stimuler la végétation. Asperger la partie faible avec cette dissolution le soir, après le coucher du soleil.

5° L'ENGRAIS LIQUIDE. — Nous savons que l'engrais liquide est assimilable à l'instant où on l'emploie : nous savons en outre que chaque branche produit une racine correspondante. Arroser avec de l'engrais liquide le côté faible de l'arbre ; le pailler avec soin, afin de maintenir la fraîcheur du sol, et priver le côté fort de couverture pour l'exposer à la sécheresse et arrêter son accroissement.

6° SUPPRIMER DES FRUITS. = Les fruits absorbant une grande quantité de sève, nous enlèverons tous ceux des branches faibles, et conserverons ceux des branches fortes.

7° GREFFER DES BOUTONS A FRUITS. — Ce moyen est très-énergique pour arrêter l'accroissement démesuré des gourmands. On choisit de très-grosses variétés, comme la belle Angevine, la Duchesse, le triomphe de Jodoigne, et l'on greffe sur la branche trop forte un nombre plus ou moins grand de ces boutons à fruits suivant sa vigueur,

8° SUPPRIMER DES FEUILLES. — Supprimer les plus grandes feuilles sur la partie forte, et conserver toutes celles de la partie faible. On prive ainsi le côté fort d'un certain nombre d'appareils à cambium, l'accroissement se ralentit : Mais il ne faut employer ce moyen que pour des arbres très-vigoureux.

9° PRIVER DE LUMIÈRE le côté fort pendant six ou huit jours, en le couvrant avec une toile épaisse, et exposer le côté faible à la lumière la plus vive. Nous savons que la sève ne peut être convertie en cambium, et par conséquent concourir à l'accroissement, que sous l'influence des rayons solaires. L'accroissement des parties placées dans l'obscurité est momentanément suspendu. Le moyen est énergique ; il ne faut l'employer que pour des arbres vigoureux.

En employant un ou plusieurs des moyens qui précèdent, on rétablira facilement l'équilibre de l'arbre le plus disproportionné, sans avoir recours aux grandes amputations. C'est à l'opérateur à se rendre compte de l'état de l'arbre et à choisir le ou les moyens qu'il doit employer. En cela, comme dans toutes les opérations de taille, il faut une juste appréciation de l'opérateur, et cette appréciation ne peut s'acquérir que par l'étude des causes déterminantes de la végétation : anatomie et physiologie végétales, physique, géologie et chimie agricole.

LES TAILLES COURTES FONT DÉVELOPPER DES BOURGEONS VIGOUREUX : LES TAILLES LONGUES PRODUISENT DES BOUTONS A FRUITS. — Les prolongements de la charpente ne doivent être taillés courts que dans les cas suivants :

LORSQUE LA CHARPENTE DE L'ARBRE A ACQUIS TOUT SON DÉVELOPPEMENT, ET QUE LES BRANCHES SONT ENTIÈREMENT COUVERTES DE RAMEAUX A FRUITS.

QUAND UN ARBRE EST FATIGUÉ PAR UNE TROP ABONDANTE PRODUCTION, OU QU'IL A ÉTÉ RUINÉ PAR UNE SUCCESSION DE TAILLES COURTES QUI ONT COUVERT LES BRANCHES DE NODOSITÉS, alors il faut rabattre sur un bourgeon vigoureux pour obtenir un bon prolongement.

Dans tous les autres cas, il faut tailler long les prolongements de la charpente, afin d'y faire développer des rameaux à fruits.

PLUS LA SÈVE CIRCULE AVEC LENTEUR, PLUS LE NOMBRE DES BOURGEONS DIMINUE, ET PLUS CELUI DES FLEURS AUGMENTE. — La circulation lente de la sève est la clef de la mise à fruits des arbres. On peut mettre à fruit les arbres plus rebelles, à l'aide des moyens suivants :

1º TAILLER TRÈS-LONGS LES PROLONGEMENTS DE LA CHARPENTE. — La sève, ayant une grande étendue à parcourir avant de faire pression sur l'œil de prolongement, se distribue également et en petite quantité entre tous les yeux ; la majeure partie de ces yeux produit des boutons à fruits à la place des bourgeons vigoureux qui naissent toujours sur les tailles courtes.

2º PINCER LES BOURGEONS LATÉRAUX. — Dès qu'un bourgeon a atteint la longueur, que nous déterminerons pour chaque espèce, il faut le soumettre au pincement, afin d'arrêter son élongation, qui jetterait de l'obscurité dans l'arbre, et de diminuer sa vigueur.

3º CASSER LES RAMEAUX AU LIEU DE LES COUPER. — La cassure pratiquée sur les rameaux, à une longueur qui sera déterminée pour chaque espèce, donne les résultats suivants :

La déchirure de la cassure ne se cicatrise jamais, elle laisse évaporer la quantité surabondante de sève, et concourt puissamment à maintenir le rameau dans son état de faiblesse, en lui imprimant une souffrance qui, combinée avec la déperdition de sève, s'oppose à la naissance de bourgeons vigoureux. La cassure du rameau fait toujours naître des boutons à fruits à la base, tandis que la coupe, très-vite cicatrisée, produit des bourgeons pleins de vigueur qui augmentent considérablement celle du rameau, et s'oppose à sa mise à fruit.

4º EXPOSER TOUTES LES RAMIFICATIONS DE L'ARBRE A LA LUMIÈRE. Toute branche ou toute partie de branche soustraite à l'action des rayons solaires restera infertile, la conversion de la sève en cambium ne pouvant s'opérer que sous l'influence d'une lumière très-vive. De là, la nécessité de soumettre les arbres à des formes régulières, et d'espacer suffisamment les branches.

5º DONNER AUX VARIÉTÉS INFERTILES DES FORMES QUI PARALYSENT L'ACTION DE LA SÈVE.

6º GREFFER DES BOUTONS A FRUITS. — Suivant la vigueur de l'arbre, on greffe une quantité plus ou moins grande de boutons à fruits. Les fruits greffés, absorbant la quantité surabondante de sève, l'arbre se couvre naturellement de boutons à fleurs.

7º ARQUER LES BRANCHES. — Attacher toutes les branches de l'arbre de manière à leur faire décrire une courbe, et à incliner l'extrémité vers le sol. On force ainsi la sève à circuler avec plus de lenteur; les boutons à fruits se forment pendant l'année, et l'on remet les branches en place dès qu'ils sont constitués.

8º TAILLER TARD. — Laisser pousser un peu l'arbre, et le tailler en pleine sève. Cette opération le fatigue et favorise la fructification.

9º PRATIQUER UNE INCISION ANNULAIRE AU PIED DE L'ARBRE. — C'est le moyen le plus énergique, il réussit toujours, et sur toutes les espèces; mais il n'est applicable, sans danger, qu'à des arbres déjà âgés et très-vigoureux.

Pendant le repos de la végétation, on fait avec l'égohine une incision circulaire d'une profondeur proportionnée à la grosseur de l'arbre, et de manière à couper tous les vaisseaux séveux de l'année précédente. La mesure de la profondeur de l'incision est en moyenne d'un centimètre pour un arbre de vingt centimètres de diamètre. Une partie des vaisseaux ne fonctionnant plus, l'arbre se couvre de fleurs pendant l'été suivant. Deux années suffisent pour cicatriser la plaie, et l'arbre reste à fruit pendant toute son existence. Cette opération est surtout excellente pour les arbres à haute tige qui font attendre leurs fruits trop longtemps; elle peut être appliquée à toutes les espèces à pépins, jamais à celles à noyaux, sur lesquelles elle déterminerait la gomme.

LES FRUITS ABSORBANT UNE GRANDE QUANTITÉ DE SÈVE, ET CONVERTISSANT CETTE SÈVE EN CAMBIUM EMPLOYÉ A LEUR PROPRE ACCROISSEMENT, ILS ACQUERRONT UNE SAVEUR ET UN VOLUME PROPORTIONNÉS A LA QUANTITÉ DE SÈVE QUI LEUR SERA RÉPARTIE.

Les moyens suivants augmentent considérablement la qualité et le volume des fruits:

1° OBTENIR LES RAMEAUX A FRUITS SUR LA BRANCHE-MÈRE. — Lorsque les fruits sont attachés sur la branche-mère, ils reçoivent directement l'action de la sève et deviennent très-gros.

2° RAPPROCHER CONSTAMMENT LES LAMBOURDES. — Lorsque les lambourdes sont maintenues très-courtes, elles produisent toujours des boutons à fruit à la base, et ces boutons donnent de très-beaux fruits. Quant au contraire on les laisse s'allonger et se ramifier à l'infini, il arrive ce que nous voyons sur tous les arbres mal taillés, des lambourdes longues de 20 à 40 centimètres, couvertes il est vrai de boutons à fruit: mais l'arbre, épuisé par une floraison trop abondante, n'a plus assez de sève pour nourrir les fruits; ils tombent presque tous lorsqu'ils ont atteint la grosseur d'une noisette, et ceux qui restent deviennent difformes, pierreux, et se fendent avant d'avoir acquis la moitié de leur volume, parce que la sève entravée dans sa marche par les nombreuses bifurcations qu'elle rencontre, ne peut y arriver en assez grande quantité pour favoriser leur développement.

3° APPLIQUER UNE TAILLE RAISONNÉE, — c'est-à-dire ne laisser sur l'arbre que le bois nécessaire à la confection de la charpente, et les fragments de rameaux indispensables pour créer les rameaux à fruits.

4° PINCER TOUS LES BOURGEONS, EXCEPTÉ CEUX DES PROLONGEMENTS DE LA CHARPENTE. — Les pincements ont non-seulement pour effet de préparer et d'assurer la fructification, mais encore de concentrer l'action de la sève sur les fruits. Lorsqu'il y a beaucoup de bourgeons sur un arbre, ils absorbent une quantité de sève considérable au détriment des fruits et de la fructification pour l'année suivante. Quand au contraire les bourgeons sont affaiblis par les pincements, ils se mettent facilement à fruit, et la sève, qui eût été employée à produire des bourgeons nuisibles, est utilisée pour concourir au développement des fruits.

5º NE LAISSER SUR L'ARBRE QU'UNE QUANTITÉ DE FRUITS PROPORTIONNÉE A SA VIGUEUR.. — La proportion des fruits à conserver est d'un par quatre rameaux à fruits pour les espèces à pépins, et d'un fruit tous les dix centimètres pour les espèces à noyaux.

6º PRATIQUER UNE INCISION ANNULAIRE AU-DESSOUS DE LA FLEUR AU MOMENT DE SON ÉPANOUISSEMENT: — Cette opération n'est applicable qu'à la vigne et aux fruits à noyaux. Cette incision a pour résultat d'augmenter d'un tiers le volume du fruit et d'en hâter la maturation de quinze jours à trois semaines. Voici comment : tous les vaisseaux du liber étant coupés et enlevés sur une hauteur de cinq millimètres environ au-dessous de la fleur, le mouvement de descension du cambium est momentanément arrêté : il reste aggloméré au-dessus de la section de l'écorce, et toute son action est concentrée sur le fruit qui, puissamment organisé, surabondamment nourri, acquiert de grandes proportions. Peu à peu les vaisseaux du liber qui ont été coupés s'allongent, la plaie se cicatrise et le cambium redescend jusqu'à l'extrémité des racines, mais le fruit conserve toujours l'accroissement disproportionné qu'il avait acquis pendant la concentration du cambium.

7º IMBIBER LES FRUITS AVEC UNE DISSOLUTION DE SULFATE DE FER. — Cette opération n'est applicable qu'aux fruits à pépins. Nous savons que le sulfate de fer, dissous dans l'eau dans la proportion de 2 grammes par litre, stimule la végétation. Mouiller les fruits avec cette dissolution, une première fois lorsqu'ils ont atteint le quart de leur volume, une seconde fois à la moitié de leur grosseur. et enfin une troisième fois aux trois quarts de leur développement. L'expérience a prouvé que les fruits traités ainsi acquéraient un tiers de plus en grosseur.

Ces principes généraux servent de base à la plupart des

opérations de taille ; l'opérateur devra toujours se les re-mémorer avant d'opérer, afin d'éviter le plus possible les amputations, et de les remplacer par les moyens que je viens d'indiquer.

La taille d'hiver comprend les opérations suivantes : le dépalissage, première et indispensable opération, la coupe des rameaux, le cassement, l'éborgnage, le rapproche-ment, le recépage, les incisions, les entailles, l'arcure, le chaulage et le palissage d'hiver.

Nous étudierons toutes ces opérations en traitant de la taille de chaque espèce. Voyons maintenant à quelle épo-que il est plus avantageux de pratiquer la taille d'hiver. En cela, comme en tout ce qui est culture, il n'y a rien d'absolu, l'époque de la taille doit être choisie suivant la vigueur des arbres ; avancée ou reculée, suivant les an-nées et l'état de végétation.

Tout en laissant l'époque de la taille à l'appréciation de l'opérateur, suivant les années et l'état des arbres, nous poserons les principes suivants, qui l'aideront à déterminer le moment favorable.

1° TAILLER PAR ORDRE DE PRÉCOCITÉ, c'est-à-dire com-mencer par les espèces qui végètent les premières.

D'après ce principe, nous taillerons les arbres dans l'ordre suivant : les abricotiers d'abord, les pêchers en-suite, les cerisiers et les pruniers après et enfin les poi-riers et les pommiers en dernier lieu.

2° S'ABSTENIR DE TOUTE OPÉRATION DE TAILLE QUAND IL GÈLE OU QUAND LA GELÉE EST IMMINENTE. — Lorsqu'on taille pendant la gelée ou quelques jours avant, et que la plaie n'a pas eu le temps de se cicatriser, voici ce qui a lieu : les sections pratiquées mettent à découvert l'orifice des vaisseaux séveux et de ceux du liber, alors les liqui-des qu'ils contiennent, la sève et le cambium de réserve gèlent ; lorsque le dégel vient et que la glace se dilate en fondant, les vaisseaux séveux et ceux du liber sont déchirés, brisés sur toute la partie gelée, qui périt tou-jours à la suite de cette désorganisation.

3° TAILLER DE TRÈS-BONNE HEURE OU TRÈS-TARD. — C'est-à-dire assez longtemps avant l'apparition des gelées, pour que les plaies aient le temps de se cicatriser, ou quand les grandes gelées ne sont plus à craindre.

4° TAILLER AUSSITÔT LA CHUTE DES FEUILLES LES AR-
BRES FAIBLES, CEUX QUI SONT FATIGUÉS PAR UNE TROP
ABONDANTE FRUCTIFICATION OU QUI ONT ÉTÉ AFFAIBLIS PAR
DES TAILLES VICIEUSES.

Les arbres faibles sont en général couverts de boutons à
fruits; en les taillant aussitôt la chûte des feuilles, toute
l'action de la sève est concentrée sur les parties réservées ;
sa concentration concourt puissamment à la beauté des
fruits, à leur précocité et au développement de bourgeons
plus vigoureux. On rétablit facilement la vigueur chez
les arbres épuisés, par ce moyen, et il contribue puissamment à faire développer des bourgeons sur les parties
dénudées des arbres qui ont été mal taillés. Lorsqu'on
abrite la vigne destinée à produire du raisin de table, on
doit la tailler dès la chute des feuilles. Cette taille précoce détermine toujours une avance sur la maturation, et
une augmentation sur le volume des fruits.

5° TAILLER APRÈS LES GELÉES LES ARBRES PLACÉS DANS
DES CONDITIONS NORMALES, c'est-à-dire de la fin de janvier
à la mi-février les arbres vigoureux portant une quantité
moyenne de boutons à fruits.

6° AVANCER L'ÉPOQUE DE LA TAILLE APRÈS UN ÉTÉ SEC,
ET LA RETARDER APRÈS UNE SAISON PLUVIEUSE. — Un été
sec favorise la fructification ; la végétation accomplie
sous l'influence d'une grande somme de lumière est très-
prompte et produit du bois bien constitué. Il est bon,
dans ce cas, lorsque les arbres sont chargés de boutons à
fruits, de tailler dès la chute des feuilles, afin de concentrer toute l'énergie vitale sur les boutons à fruits qui doivent rester.

Une saison humide produit peu de fleurs et beaucoup
de bois, mais du bois mou, mal constitué et renfermant
une grande quantité d'eau. Les arbres sont très-exposés
à la gelée après un été pluvieux, et, dans ce cas, il est
toujours dangereux de tailler avant la disparition des
froids.

En s'appuyant sur ces principes, et en observant les
saisons, il sera facile à l'opérateur de déterminer le mo-

5

ment favorable pour tailler, non pas les arbres, mais chaque arbre de son jardin.

La taille d'été se compose : de l'ébourgeonnement, des pincements, de la torsion, des cassements, de la suppression des fruits trop nombreux et de l'effeuillement. Nous étudierons chacune de ces opérations dans leur application à chaque espèce. La taille d'été se pratique pendant tout le cours de la végétation, et le moment de l'appliquer est déterminé par la végétation elle-même.

DES FORMES A DONNER AUX ARBRES.

LA DURÉE ET LA FERTILITÉ D'UN ARBRE SOUMIS A LA TAILLE, COMME LE VOLUME ET LA QUALITÉ DES FRUITS, DÉPENDENT DE L'ÉGALE RÉPARTITION DE LA SÈVE DANS TOUTES LES PARTIES DE L'ARBRE.

On ne doit pas oublier que les arbres soumis à la taille vivent moins longtemps que les autres. Cela tient à trois causes :

1° Aux formes contre nature qu'on leur impose;

2° Aux amputations qu'ils subissent;

3° A la quantité de fruits qu'ils produisent.

Notre but étant d'élever des arbres qui produisent beaucoup et durent longtemps, tous nos efforts tendront, sinon à supprimer, du moins à amoindrir les deux premières causes de mortalité, ce qui nous permettra de tripler l'existence de nos arbres.

L'arbre soumis à une forme anormale éprouve un état de gêne constant; cet état, produit dans une mesure donnée, favorise la fructification; mais pour atteindre ce but, il faut que la forme soit assez habilement calculée pour que toutes les branches poussent avec la même vigueur. Dans le cas contraire, les amputations constantes faites pour établir un équilibre impossible à trouver, rendent l'arbre complètement infertile et le ruinent en quelques années.

De là la nécessité d'avoir recours à des formes qui répartissent également la sève dans toutes les parties de l'arbre, et qu'on puisse établir sans suppression de bois.

Ennemi des amputations, toujours nuisibles à la santé des arbres et à leur fructification, je les ai remplacées par les inclinaisons. J'en retire les avantages suivants :

1° Au lieu de couper les trois quarts du produit de la végétation, je conserve tout, ce qui me fait aller trois fois plus vite dans la formation de la charpente.

2° Taillant très-long, mes branches se couvrent immédiatement de boutons à fruits, tandis que les tailles courtes, ne produisent que des bourgeons latéraux, aussi vigoureux qu'infertiles.

3° Je n'ai jamais recours aux amputations pour faire naître des bourgeons. Toutes mes nouvelles pousses prennent naissance sur les courbures des branches. Ces nouvelles pousses absorbent l'excédant de sève, cause première de l'infertilité; la mise à fruit est immédiate, et je produis simultanément, par une seule opération, deux effets : l'augmentation de la charpente et la mise à fruit de la partie formée; et cela sans mutilations, par le seul effet des inclinaisons.

Avant d'aller plus loin dans l'étude des inclinaisons, il est urgent de poser les principes dont il ne faut pas se départir, pour donner aux arbres des formes offrant des garanties sérieuses de fertilité soutenue et de longévité.

1° DIVISER L'ACTION DE LA SÈVE A SON POINT DE DÉPART. — C'est-à-dire établir la charpente de l'arbre sur deux branches latérales et non sur une tige verticale. La sève ayant toujours tendance à monter, se précipite par le tronc; le haut de l'arbre s'emporte, tandis que le bas meurt d'inanition.

Dans ce cas, le bas comme le haut de l'arbre sont également infertiles. Il apparait bien quelques fleurs sur les ramifications du bas, en raison même de leur faiblesse, mais l'insuffisance de la sève ne permet pas aux fruits d'atteindre plus de la moitié de leur développement, et encore cette production avortée achève-t-elle souvent d'épuiser les branches déjà trop faibles et détermine-t-elle leur mort, tandis que le haut pousse avec une vigueur extrême, ne produit que des bourgeons inutiles et qui ne se mettent jamais à fruit.

2° ÉVITER AVEC LE PLUS GRAND SOIN LES LIGNES VERTI-CALES DANS TOUTES LES PARTIES DE LA CHARPENTE DE L'ARBRE. Dès l'instant où une seule branche est placée verticalement, elle s'emporte, jette le trouble dans toute l'économie de l'arbre, paralyse sa production et compromet sa santé.

3° ESPACER SUFFISAMMENT LES BRANCHES POUR QU'ELLES SOIENT ENTIÈREMENT ÉCLAIRÉES. — Un intervalle de 30 centimètres suffit. Quand il est moindre, les branches se font ombre et la fructification en souffre beaucoup.

4° CHOISIR POUR CHAQUE ESPÈCE ET MÊME POUR CHAQUE VARIÉTÉ UNE FORME EN HARMONIE AVEC SA MANIÈRE DE VÉGÉTER, c'est-à-dire une forme offrant des inclinaisons plus ou moins élevées, en raison de la vigueur de l'arbre, et lui imprimant un état de gêne plus ou moins grand, suivant sa fertilité.

Ceci posé, examinons les formes d'arbres placées dans les conditions que je viens d'indiquer et réunissant les avantages d'une prompte formation, d'une fertilité soutenue et d'une longue existence.

Toutes les anciennes formes, sans exception, demandent un laps de temps variant entre quinze et dix-huit années ; elles ne couvrent jamais entièrement le mur, et les arbres soumis à ces formes font attendre leurs premiers fruits au moins quatre années.

C'est devant ces graves inconvénients qu'un homme d'un grand mérite, dont le nom est devenu européen, M. DU BREUIL, professeur d'arboriculture, a eu la pensée de simplifier les choses. Le savant professeur les a réduites à leur plus simple expression avec ses plantations rapprochées, la plus ingénieuse et la plus utile invention de notre époque.

Les plantations rapprochées, cordons obliques et verticaux, font disparaître tous les inconvénients de la formation de la charpente ; elles donnent des fruits la première année après la plantation, et le maximum du produit la sixième. Les ennemis des plantations rapprochées, car tout ce qui a un mérite réel a des ennemis, prétendent que des arbres plantés aussi serrés ne peuvent vivre longtemps. Il nous est impossible d'assigner une durée

fixe à ces plantations; les premières ont été faites en
1846; elles donnent d'abondants résultats depuis 1848,
sans paraître fatiguées de cette énorme production, et
semblent disposées à vivre encore le double de ce
qu'elles ont vécu.

Je place en première ligne :

1° LES CORDONS OBLIQUES. — Cette forme convient à
toutes les espèces et à toutes les variétés et peut être
employée pour l'espalier comme pour le plein vent.

Les cordons obliques doivent être plantés à 40 centimètres de distance et inclinés sur un angle de 45 de-
grès. Ils se composent d'une unique tige, couverte de rameaux à fruits, de la base au sommet. Les cordons
obliques ne doivent point être plantés contre des murs
ou des palissages ayant moins de 2 mètres 50 centim.
d'élévation.

2° LES CORDONS VERTICAUX, plantés à 30 centimètres
d'intervalle, pour les murs de plus de 4 mètres d'élévation, offrent les mêmes avantages que les cordons obliques, mais ils sont peut-être moins faciles à diriger.

J'ai dit précédemment qu'il fallait éviter les tiges droites et les lignes verticales. Les cordons obliques et les
cordons verticaux, surtout, pourront paraître des formes
vicieuses au premier abord. Ce que j'ai dit des tiges droites
et des lignes verticales s'applique aux arbres isolés, plantés à 6 ou 8 mètres de distance et couverts de nombreuses
ramifications.

Les cordons obliques et verticaux sont plantés à 40 et
30 centimètres de distance. La proximité les empêche d'a-
bord de s'emporter, et, ensuite, ne produisant que des rameaux à fruits de la base au sommet, les inconvénients
disparaissent.

3° LES CORDONS UNILATÉRAUX A UN, DEUX ET TROIS
RANGS, plantés à 2 mètres, 1 mètre et 70 cent., ont l'avantage de donner des fruits la première année après la plantation, et le maximum du produit vers la troisième année. Cette forme d'abord destinée exclusivement au pommier, peut être imposée à presque toutes les espèces,
mais à la condition de choisir des variétés faibles.

Ces trois formes étaient les seules qui donnassent des

fruits dès la seconde année de la plantation, et le maximum du produit la sixième. Mais les cordons obliques ne sont possibles que contre des murs de 2 mètres 50 cent. d'élévation au moins, et le mérite des cordons verticaux ne peut être apprécié que sur des murs dont la hauteur excède 4 mètres.

Les murs de moins de 2 m. 50 c., et c'est la majeure partie, étaient privés du bénéfice des plantations rapprochées. Il fallait avoir recours aux grandes formes longues à faire et plus longues à produire.

Pour les murs depuis 1 m. 20 jusqu'à 2 m. et plus d'élévation, je place en première ligne et de préférence à toute autre forme :

LA PALMETTE ALTERNE GRESSENT. — J'ai cherché longtemps une forme ayant les mêmes avantages que les cordons obliques et verticaux de M. Du Breuil; mes palmettes plantées à 2 m. dans les sols fertiles et à 1 m. 50 c. dans les sols médiocres, offrent les avantages suivants :

1. DE DONNER DES FRUITS LA 1re ANNÉE APRÈS LA PLANTATION ;

2. DE DONNER LE MAXIMUM DU PRODUIT LA 6e ANNÉE DE LA PLANTATION ;

3. DE CONVENIR A TOUTES LES ESPÈCES ET A TOUTES LES VARIÉTÉS SANS EXCEPTION ;

4. DE NE JAMAIS LAISSER DE VIDE DANS LES PLANTATIONS. — Tous les arbres étant greffés par approche, chaque arbre reçoit la sève de son voisin par la greffe par approche. Si le pied meurt, les branches continuent à vivre et à fructifier. Il suffit de couper le tronc, d'arracher l'arbre, de planter un sauvageon à sa place et de greffer ce sauvageon l'année suivante sur le tronc qui a été coupé. Les branches disposées comme elles le sont peuvent vivre et fructifier pendant deux ans au moins, sans le secours des racines ;

5. DE POUVOIR CULTIVER LES VARIÉTÉS LES PLUS FAIBLES, ET DE LEUR DONNER UNE VIGUEUR ÉGALE AUX AUTRES. — La greffe par approche, rendant tous les arbres solidaires les uns des autres, l'excédant de sève des forts passe dans les faibles, et ils acquièrent, grâce à ce secours,

une vigueur égale à celle de leurs voisins. On plante toujours un arbre faible entre deux forts ;

6. DE PRÉSENTER UNE PLANTATION AVEC DES LIGNES SANS SOLUTION DE CONTINUITÉ. — Tous les arbres étant greffés les uns sur les autres, les lignes, eussent-elles cent mètres de long, sont continues. La végétation, en outre, est égale sur toute la longueur de la ligne ;.

7. D'ÊTRE UNE FORME SUSCEPTIBLE, AU PREMIER CHEF, DE FERTILITÉ ET DE LONGÉVITÉ. — Mes palmettes alternes sont formées sans amputations ; elles ne peuvent ni s'emporter ni s'affaiblir. Elles s'équilibrent toutes seules; par le fait de la communication de la sève de tous les arbres entre eux, et la régularité due à cette organisation est le premier garant de fertilité.

Viennent ensuite les formes qui exigent le recepage de l'arbre, elles sont plus longues à obtenir et ne produisent que la troisième année après la plantation :

PALMETTE A BRANCHES COURBÉES. — Cette forme convient spécialement au poirier; elle se fait sans amputations et donne lieu à des arbres fertiles et bien équilibrés. Elle peut être adoptée pour les murs de toutes hauteurs.

PALMETTE A BRANCHES CROISÉES, — pour les murs de toutes hauteurs. Excellente pour le poirier, bonne pour le pêcher, le prunier et le cerisier. Elle convient surtout aux poiriers sur franc, dont la mise à fruit est plus longue et plus difficile, et en général aux arbres très-vigoureux.

PALMETTE VERRIER. — Jolie et excellente forme, la seule qui permette une tige droite. Elle donne ses premiers fruits vers la quatrième année, et le maximum du produit la huitième.

Pour le plein vent, les contre-espaliers ont une grande importance dans le jardin fruitier. Les meilleurs, les plus productifs, et ceux qui donnent le plus vite des fruits, sont les contre-espaliers obliques et verticaux.

LES CONTRE-ESPALIERS OBLIQUES sont plantés sur deux lignes parallèles, distantes de 30 centimètres, et les arbres de chaque ligne sont placés en quinconce à une distance de 40 centimètres. La hauteur est de 2 mètres 50 centimètres.

LES CONTRE-ESPALIERS VERTICAUX se composent également de deux lignes d'arbres, distantes de 30 centimètres; les arbres de chaque ligne sont plantés à 30 centimètres d'intervalle. Ces contre-espaliers ont 3 mètres d'élévation.

Rien n'est aussi fertile que ces contre-espaliers; ils sont toujours la base de la production du jardin fruitier; ils donnent leurs premiers fruits la première année après la plantation, et le maximum du produit la sixième année.

Il est beaucoup d'autres formes excellentes que le cadre de cet ouvrage ne me permet pas de décrire; elles sont toutes expliquées et dessinées dans l'*Arboriculture fruitière*.

DEUXIÈME PARTIE.

CULTURES SPÉCIALES.

SIXIÈME LEÇON.

POIRIER.

Il ne m'est pas possible de désigner toutes les variétés à cultiver. Elles sont indiquées dans l'*Arboriculture fruitière*. Je donne seulement, dans ce petit ouvrage, les variétés de chaque espèce, les plus avantageuses à cultiver pour la vente, celles dont le produit est certain.

Toutes les variétés de poiriers que j'indique, peuvent, sans exception, être cultivées en cordons obliques, forme préférable, puisque, toutes choses égales d'ailleurs, elle donne plus vite et en plus grande quantité des fruits plus gros que toutes les autres.

VARIÉTÉS DE POIRES MURISSANT EN :

Juillet.

MADELEINE. Fruit arrondi, moyen et assez médiocre, ayant le mérite de la précocité. L'arbre, assez vigoureux et très-fertile, se contente du plein vent; on peut le placer en espalier à l'est pour avoir des fruits très-précoces, forme moyenne.

BEURRÉ GIFFART. Fruit pyriforme, un peu ventru, à peau jaune fortement colorée de rouge, la meilleure de nos poires d'été. Arbre assez fertile, de vigueur moyenne, excellent pour les formes moyennes d'espalier et de plein vent, à l'est et à l'ouest; donne d'excellents résultats en cordons unilatéraux. Le principal mérite de cette variété étant la précocité, il faut toujours la placer à une exposition chaude, au sud-est ou au sud-ouest, en plein vent.

Août.

EPARGNE. Excellent fruit pyriforme, allongé, à peau verte tachée de fauve. Arbre très-fertile et très-vigoureux, redoutant l'humidité et la grande chaleur. Il peut être soumis à toutes les formes d'espalier et de plein vent, greffé sur franc, ou affranchi, et en cordons unilatéraux seulement, greffé sur cognassier. Exposition de l'est pour le plein vent, et du nord-est pour l'espalier.

Septembre.

BEURRÉ D'AMANLIS. Fruit gros, ventru, à peau verte colorée de rouge brun; excellent. Arbre très-vigoureux et très-fertile, précieux pour les plus grandes formes de plein vent, tant il pousse avec rapidité, et pour placer en palmettes alternes entre deux arbres faibles. Plein vent seulement à toutes les expositions.

BON-CHRÉTIEN WILLIAM. Fruit gros, oblong, obtus, à peau jaune lavée de rouge, excellent, mais très-musqué. Arbre très-fertile, faible sur cognassier; il demande à être greffé sur franc ou affranchi. Excellent pour toutes les petites formes à l'espalier, et en plein vent à l'est et à l'ouest. Vient bien en cordons unilatéraux.

BONNE D'ÉZÉE. Très-beau fruit, oblong, à peau jaune marbrée de rouge, de bonne qualité. Arbre de vigueur moyenne, très-fertile pour petites formes d'espalier et de plein vent. Exposition de l'ouest.

Octobre.

LOUISE BONNE D'AVRANCHES. Fruit moyen, pyriforme.
obtus, à peau jaune lavée de rouge, excellent et se conservant jusqu'en décembre dans un bon fruitier. Arbre
vigoureux, d'une fertilité remarquable, propre à toutes
les formes et venant à toutes les expositions, même à
celle du nord, en espalier. Il donne des fruits superbes
en cordons unilatéraux.

BEURRÉ GRIS. Beau et excellent fruit arrondi, à peau
olivâtre marbrée de fauve. Arbre assez vigoureux, très-
fertile, mais ne donnant de bons résultats qu'à l'espalier
au sud-est et sud-ouest. Greffé sur franc, il peut être soumis aux grandes formes; le cognassier suffit pour obliques
et pour cordons unilatéraux placés au bord d'une plate-
bande d'espalier au midi.

DOYENNÉ BOUSSOCK. Fruit superbe et excellent, à forme
de doyenné, à peau jaune lavée de rouge. Arbre assez
vigoureux, très-fertile, bon pour les petites formes d'espalier et de plein vent. C'est une espèce précieuse dans
le jardin fruitier; elle n'a que le défaut de n'être pas
assez connue. Le doyenné Boussock vient bien en plein
vent à l'est et à l'ouest, et donne de superbes fruits en
cordons unilatéraux.

DOYENNÉ BLANC. Fruit délicieux, arrondi, à peau jaune
lavée de rouge. Arbre faible, très-fertile, ne donnant de
bons résultats qu'à l'espalier, mais venant à toutes les
expositions, même à celle du nord. L'arbre affranchi ne
doit être soumis qu'aux petites formes, il donne de beaux
et bons fruits en cordons unilatéraux au bord d'une plate-
bande d'espalier au midi.

Novembre.

DUCHESSE. Gros fruit, ventru, à peau vert jaunâtre,
excellent dans les terrains secs. Arbre vigoureux et très-
fertile, s'arrangeant de toutes les formes et de toutes les
expositions, en plein vent et à l'espalier, même de celle
du nord à l'espalier. Les plus belles poires de Duchesse
se récoltent sur les cordons unilatéraux.

Décembre.

CRASSANE. Excellent fruit, arrondi, à peau verte tachée de fauve. Arbre très-vigoureux, mais très-infertile dans sa jeunesse. On plantait autrefois les poiriers de crassane sur franc. Avec l'ancienne taille, ces arbres faisaient attendre leurs fruits dix ans, et ne donnaient de produits réguliers qu'à l'âge de quinze ou seize ans.

La crassane ne dure pas longtemps sur cognassier ; elle pousse d'abord très-vigoureusement, puis ensuite elle se couvre de mousse, et meurt après avoir produit quelques mauvais fruits. Ces inconvénients réunis, l'infertilité sur franc, et le peu de durée sur cognassier ont fait renoncer à la culture de cet excellent fruit.

J'ai appliqué à la crassane l'affranchissement qui m'a donné de si bons résultats pour les espèces faibles, et j'ai obtenu des arbres vigoureux et d'une fertilité soutenue. Avec une taille rationnelle, on obtiendra des fruits la troisième année, avec des arbres sur franc, en les soumettant à la forme de palmette à branches croisées, et la seconde avec des arbres affranchis en obliques, palmettes alternes, etc.

La crassane demande impérieusement l'espalier au sud-est et sud-ouest dans tous les sols, et au midi dans les terres argileuses.

BEURRÉ CLAIRGEAU. Superbe fruit, d'assez bonne qualité, formant le principal ornement des desserts; aussi curieux par son volume que par son coloris. Poire énorme, pyriforme, ventrue, bossuée, à peau jaune clair, lavée de carmin. Arbre très-faible sur cognassier; il produit des fruits moins gros sur franc ; il y a bénéfice à l'affranchir. Le Beurré Clairgeau demande l'espalier au sud-est ou au sud-ouest, en petites formes ou en cordons unilatéraux bordant une plate-bande au midi. J'ai obtenu de magnifiques résultats de la greffe des boutons à fruits de cette variété sur d'autres poiriers.

BEURRÉ DIEL. Beau et bon fruit, arrondi, à peau jaune. Arbre vigoureux et fertile, propre à toutes les grandes formes d'espalier et de plein vent, venant à toutes les expositions, même à celle du nord en espalier. Le Beurré Diel donne de superbes fruits en cordons unilatéraux. Il est très-précieux dans ces plantations et dans celles de palmettes alternes à côté des arbres faibles pour leur donner sa surabondance de sève.

TRIOMPHE DE JODOIGNE. Fruit magnifique et de bonne qualité, pyriforme, ventru, à peau jaune lavée de rouge. Arbre vigoureux et fertile, mais délicat pendant sa jeunesse. Cette variété pousse mal sur franc et ne dure pas sur cognassier. L'arbre affranchi donne d'excellents résultats.

Le Triomphe de Jodoigne peut être soumis à toutes les grandes formes d'espalier et de plein vent; il vient à toutes les expositions, même à celle du nord en espalier.

De Janvier à Mars.

SAINT-GERMAIN. Excellent fruit, toujours trop rare dans le jardin fruitier, oblond, allongé, à peau verte tachée de brun. Arbre très-fertile, assez vigoureux, mais quelquefois délicat; il ne vient bien qu'à l'espalier au sud-est, craint les mutilations. Le Saint-Germain peut être soumis aux grandes formes d'espalier. J'ai obtenu de superbes fruits en cordons unilatéraux bordant une plate-bande d'espalier au midi.

BEURRÉ D'AREMBERG. Beau fruit, ventru, obtus, quelquefois bossué, à peau jaune olivâtre, chaire fine manquant parfois de saveur. Arbre vigoureux et fertile, bon pour toutes les formes d'espalier et de plein vent, à la condition d'être fixé sur un palissage. Cette variété n'aime pas à être tourmentée par le vent. Elle donne des résultats négatifs en pyramide, toujours des fleurs, rarement des fruits. Le Beurré d'Aremberg préfère l'exposition de l'ouest à l'espalier; il donne de bons résultats en cordons unilatéraux et en palmettes alternes où il devient une précieuse ressource pour stimuler la végétation des arbres faibles.

DOYENNÉ D'ALENÇON. Excellent fruit, assez gros, forme de doyenné, à peau jaune olivâtre marquée de taches grises. Arbre vigoureux, peu fertile, propre aux grandes formes d'espalier et aux formes moyennes de plein vent. Les palmettes à branches croisées le font fructifier plus vite. Exposition du sud-est pour l'espalier, du sud pour le plein vent.

Le doyenné d'Alençon se garde très-longtemps; on ne saurait trop en planter dans le jardin fruitier.

De Janvier à Avril.

Suzette de Bayay. Fruit moyen, mais excellent, et ayant le mérite de mûrir très-tard. Arbre vigoureux et fertile, propre à toutes les grandes formes d'espalier et de plein vent. Exposition du sud-est pour l'espalier, du sud pour le plein vent.

De Janvier à Mai.

Doyenné d'hiver. Superbe et excellent fruit, à forme de doyenné, à peau jaune parsemée de taches fauves. Arbre de vigueur moyenne très-fertile, faible sur cognassier, donnant les meilleurs résultats affranchis.

Le doyenné d'hiver est une variété des plus précieuses, on n'en plante jamais assez. Cette excellente variété, destinée aux petites formes d'espalier et de plein vent, fructifie à toutes les expositions, même à celle du nord en espalier, et s'accommode de toutes les formes. Elle donne de superbes fruits en cordons unilatéraux.

De Janvier à Juin.

Bergamotte Espéren. Fruit moyen mais délicieux, à forme de bergamotte, à peau jaune, le dernier qui reste au fruitier; il se conserve quelquefois jusqu'en juin. Arbre vigoureux, et assez fertile, propre aux grandes formes d'espalier et de plein vent. Les fruits deviennent plus gros à l'espalier à l'est ou au sud-est, mais cependant ils sont très-bon en plein vent aux expositions chaudes.

La variété se mettant difficilement à fruit, on doit lui donner de préférence les formes qui impriment le plus de gêne aux arbres : les palmettes à branches croisées et les palmettes alternes.

POIRIER.

CULTURE ET TAILLE.

Le poirier se greffe sur quatre sujets différents : sur cognassier, sur poirier franc, sur cormier et sur épine blanche.

Le cognassier est toujours préférable lorsqu'on veut former des arbres de moyenne grandeur, il fructifie plus tôt que le poirier franc, ses fruits sont aussi plus gros et plus savoureux ; mais le cognassier veut une terre substantielle et de bonne qualité.

Le poirier franc produit des arbres plus grands, plus vigoureux et de plus longue durée que le cognassier ; il fait attendre ses fruits plus longtemps, mais donne d'excellents résultats dans les sols médiocres où le cognassier ne vivrait pas.

Le cormier est un excellent sujet pour le poirier; il tient le milieu entre le cognassier et le poirier franc; il a le désagrément d'être très-long à venir, mais aussi l'avantage de former d'excellents arbres dans les sols siliceux où le poirier franc ne pourrait pas vivre.

L'épine blanche est la dernière ressource pour les sols calcaires ; où toutes les espèces à pépins périssent. Elle demande un certain temps pour acquérir le développement nécessaire; mais c'est un excellent sujet, de très-longue durée, et qui permet la culture du poirier dans les sols où il refuse toute végétation.

Il n'existe pas de terrain, quelque mauvais qu'il soit, où l'on ne puisse obtenir facilement d'abondantes récoltes d'excellentes poires, en ayant recours aux sujets que je viens d'indiquer. Le cormier et l'épine blanche seront rarement employés ; il suffira, la plupart du temps, de bien préparer le sol, de planter sur poirier franc, ou même d'affranchir le cognassier pour obtenir le résultat désiré.

Le cormier et l'épine blanche sont la dernière ressource, la consolation du propriétaire qui voit sa propriété veuve de toute production fruitière et qui entend chaque jour

son jardinier lui répéter: « le terrain ne vaut rien, ou
« les fruits ne peuvent pas venir ici. » Le cormier et
l'épine blanche rayent le mot impossible dans la culture
du poirier.

J'ai souvent parlé de l'affranchissement du cognassier ;
c'est une précieuse ressource pour les variétés faibles que
l'on est dans l'usage de greffer sur franc, et pour les sols
où le cognassier peut vivre deux ou trois ans. Dans le premier cas, on plante sur cognassier au lieu d'employer le
poirier franc ; la fructification s'établit pendant l'été suivant, et l'année d'après on affranchit l'arbre, opération
qui lui donne presque autant de vigueur que s'il était
greffé sur franc, mais avec cette différence que la fructification est immédiate, tandis qu'on l'eût attendue deux
années sur poirier franc.

Voici comment on opère :

Pour les variétés faibles on plante un peu plus profondément que d'habitude, et de manière à ce que la greffe
soit rez du sol ; lorsque l'arbre est bien repris, l'année d'après
au printemps, on pratique, sur le bourrelet de la greffe,
quatre incisions longues de deux à trois centimètres, puis
on recouvre ces incisions avec de la terre mélangée de
terreau, et l'on paille ensuite soigneusement pour maintenir l'humidité.

Le cambium, élaboré par les premières feuilles, forme
bourrelet autour des incisions, et quelque temps après, il
donne naissance à des racines sur toutes les parties qui
ont été entaillées. L'arbre est alors bouturé sur place : ces
nouvelles racines, nées sur la greffe et non sur le sujet,
racines de poirier par conséquent, acquièrent une vigueur d'autant plus grande qu'elles sont plus superfi-
cielles ; elles anéantissent celles du cognassier en moins
de deux ans, et il ne reste plus alors qu'un arbre sur
franc, ayant le bénéfice de sa vigueur, et celui de la fructification prompte et abondante du cognassier.

Dans les sols peu profonds et dans ceux où le cognassier
ne peut vivre longtemps, on opère de la même manière.
en ayant soin toutefois de fumer abondamment si le sol
est médiocre. L'affranchissement se fait la seconde année.
au moment où l'arbre va donner ses premiers fruits qui,

recevant une quantité de sève énorme, par deux appareils de racines, deviennent très-volumineux.

L'affranchissement m'a rendu d'immenses services dans mes nombreuses plantations; il offre de grands avantages, et je ne saurais trop le recommander, de préférence à la plantation sur poirier franc, toutes les fois que le sol le permettra.

Lorsque les poiriers ont été bien choisis et convenablement plantés, il faut leur donner une forme, et obtenir des fruits le plus vite possible.

J'ai commencé par la forme oblique, comme étant celle qui donne le plus vite les plus beaux fruits. J'ai dit précédemment que les cordons obliques à l'espalier, comme en plein vent, devaient être plantés à 40 centimètres de distance, et plantés inclinés sur un angle de 60 degrés, afin de donner plus de vigueur à l'arbre, et d'éviter l'émission de gourmands à la base.

Si l'arbre a été déplanté et replanté avec toutes ses racines, on peut lui appliquer la première taille, immédiatement après la plantation; mais s'il a perdu la moitié, les deux tiers ou les trois quarts de ses racines, il faudra faire sur la tige une suppression égale à la perte des racines, afin d'établir l'équilibre entre les racines et la tige, et remettre la taille à l'année suivante, époque à laquelle il sera bien enraciné.

J'ai dit également qu'il était préférable, dans tous les cas, de planter des greffes d'un an, n'ayant jamais reçu de taille dans la pépinière. Admettons que nous opérions sur une greffe d'un an, replantée avec toutes ses racines, et que cette greffe soit entièrement dépourvue de ramifications: dans ce cas, la taille de première année consistera simplement dans la suppression du tiers environ de la longueur totale de la tige, en ayant soin de tailler sur un œil placé en avant, afin d'obtenir un bourgeon de prolongement bien droit.

Les prolongements se taillent plus ou moins longs, suivant leur inclinaison. Le but de cette taille est de faire développer tous les yeux, de la base au sommet. Si le prolongement est taillé trop court, tous ses yeux se développent en bourgeons vigoureux, très-difficiles à mettre à

fruit: s'il est taillé trop long, les yeux de la base s'éteignent et laissent des vides sur la branche.

L'expérience a démontré qu'un prolongement placé
horizontalement développait tous ses yeux sans suppression aucune, et qu'un prolongement placé verticalement
ne développait les yeux de la base qu'avec une suppression des deux tiers de la longueur totale.

Prenons pour guide un quart de cercle, le prolongement
horizontal ne sera pas taillé, le vertical le sera aux deux
tiers : ce sont les deux extrêmes, ils nous serviront de
point de départ et de guide pour tailler tous les autres
plus ou moins longs, suivant leur inclinaison.

Il résulte de cette démonstration, que plus une branche
est inclinée, moins on supprime de bois pour obtenir le
développement de tous les yeux; plus vite l'arbre est
formé, et plus vite aussi il se met à fruit. De là la nécessité d'éviter les lignes verticales dans la charpente des
arbres.

Revenons à notre arbre oblique : nous avons supprimé
le tiers de la longueur totale de la tige pour obtenir un
bourgeon de prolongement vigoureux, et le développement de tous les yeux, de la base au sommet. Cet arbre,
ne devant se composer que d'une tige garnie de rameaux
à fruits dans toute son étendue, nous devons, tout en
formant la charpente, nous occuper de convertir tous les
bourgeons latéraux en rameaux à fruit.

Voyons d'abord comment notre prolongement va végéter après avoir été taillé.

FORMATION DES RAMEAUX A FRUIT.

Les yeux du tiers inférieur développeront seulement
une rosette de feuilles, ceux du second tiers, des petits
dards longs de un à trois centimètres; enfin, ceux du
troisième tiers où la sève afflue avec abondance, produiront des bourgeons presque aussi vigoureux que celui de
prolongement. Si nous laissons ces bourgeons croître
librement, ils absorberont non-seulement la sève destinée
au bourgeon de prolongement et nuiront à son élongation, mais encore la vigueur de ces bourgeons sera un

obstacle insurmontable à leur mise à fruit. Il faut donc arrêter leur vigueur par le pincement.

Dès qu'un bourgeon latéral de poirier a atteint la longueur de dix centimètres, il faut le pincer, c'est-à-dire *couper avec les ongles* l'extrémité de ce bourgeon sans en retrancher *plus d'un* centimètre.

Le pincement, produisant une plaie contuse, déchirée, et par conséquent très-longue à se cicatriser, a pour effet de suspendre momentanément la végétation du bourgeon; la déchirure de la plaie, lui imprimant une certaine souffrance, empêche le développement de ses yeux en nouveaux bourgeons. Il résulte de cette opération, quand elle est bien faite, une suspension totale d'accroissement dans le bourgeon pincé. Il ne grossit plus, reste faible par conséquent, et les six ou huit feuilles qu'il porte élaborent assez de cambium pour tuméfier et mûrir les yeux de la base, destinés à former des boutons à fruit.

Chez certaines variétés vigoureuses il pousse quelquefois un bourgeon anticipé sur le bourgeon pincé; on soumet ce nouveau bourgeon au pincement, à sept ou huit centimètres, suivant sa vigueur.

Les vieux arbres ayant des branches tortues, végètent très-irrégulièrement, et ne peuvent pas être équilibrés tout d'abord. La sève, arrêtée dans les coudes, y fait développer des bourgeons très-vigoureux : dix pincements successifs n'arrêteraient pas leur végétation, et auraient l'inconvénient de fournir assez de feuilles pour faire grossir considérablement le bourgeon, qui, en raison même de sa vigueur, ne se mettrait pas à fruit. Alors, il faut pincer deux fois seulement, et dès qu'il pousse un troisième bourgeon, *casser* le premier un peu au-dessous du premier pincement.

J'ai dit *casser* et non couper, cela est très-important, voici pourquoi : Le cassement produit une plaie contuse, déchirée, qui ne se cicatrise pas. La surabondance de sève s'évapore par la cassure, et cette même cassure imprime au bourgeon un état de souffrance d'assez longue durée pour empêcher la naissance de nouveaux bourgeons. Cette opération produit le même effet que le pincement; le bourgeon ne pouvant plus s'allonger, ne

grossit pas, et le cambium, élaboré par les feuilles qui
restent, agit sur les yeux de la base. Si au lieu de casser
le bourgeon on le coupait, le remède serait pis que le
mal; la plaie de la coupure, très-vite cicatrisée, facilite-
rait le développement d'un bourgeon très-vigoureux
qu'on ne pourrait plus mettre à fruit.

J'ai dit qu'en moyenne, le poirier devait être pincé à
dix centimètres, mais toutes les variétés ne végétant pas
de la même manière, il y a des modifications à introduire
dans le pincement. Ainsi, les doyennés d'hiver et les
beurrés d'Aremberg produisent des bourgeons très-
feuillus, dont les yeux sont très-rapprochés; il est évi-
dent que ces variétés doivent être pincées un peu plus
court, à huit centimètres. Les beurrés Diel et les berga-
mottes Esperen produisent des bourgeons très-longs et
dont les yeux sont très-écartés. Si on les pinçait à dix
centimètres, il ne resterait pas plus de trois à quatre
feuilles sur le bourgeon; il faut donc allonger le pincement pour ces variétés et le faire à douze ou quatorze
centimètres pour obtenir les mêmes résultats que sur les
doyennés d'hiver et les beurrés d'Aremberg pincés à huit
centimètres.

Le but du pincement est d'arrêter la végétation du
bourgeon, afin de le maintenir faible, d'y conserver
assez de feuilles pour nourrir les yeux de la base, tout
en donnant à la sève un espace assez étendu à parcourir
pour éviter le développement de bourgeons anticipés.

Je considère le pincement comme l'opération la plus
importante et la plus difficile de la taille d'été : la plus
importante, en ce que, bien faite, elle assure une fructification abondante et immédiate; mal faite, elle la retarde
de plusieurs années; la plus difficile, en ce qu'elle demande des connaissances physiologiques sérieuses, beaucoup de tact et une grande pratique.

Parmi les yeux qui avoisinent l'extrémité du rameau
taillé, il y en a presque toujours un qui, par sa position,
reçoit une quantité de sève égale au bourgeon de prolongement. Le bourgeon produit par cet œil aura une
vigueur égale à celle du bourgeon de prolongement, si
elle ne la dépasse pas. Les pincements seraient impuis-

sants pour le mettre à fruit. Pour ce bourgeon seulement, il faut employer un moyen empirique.

Ce moyen consiste à couper, à 2 millimètres de sa base, le bourgeon en question, et ce, dès qu'il a atteint la longueur de 6 à 7 centimètres. Les yeux stipulaires qui existent à la base de tous les bourgeons produisent, dans le courant de l'été, deux bourgeons faibles. On supprime le plus vigoureux, et le plus faible, soumis au pincement, se met facilement à fruit.

Malgré tous les soins que l'on pourra prendre, il arrivera souvent, surtout sur les vieux arbres, d'oublier de pincer quelques bourgeons. S'ils ont atteint une longueur de 25 à 30 centimètres, il est trop tard pour les pincer ; alors on a recours à l'opération suivante, qui produit les mêmes effets que le pincement.

On prend le bourgeon entre les doigts ; on le tord à la hauteur de dix centimètres environ de la base, de manière à briser toutes les fibres ligneuses ; on pince l'extrémité et on tortille le bout, la tête en bas, à la base du bourgeon.

Si le bourgeon oublié avait atteint la longueur de 40 à 50 centimètres, il faudrait tout simplement le casser à 15 centimètres environ.

Dans le poirier, les rameaux à fruit ne sont complètement constitués que la troisième année, mais ils produisent des fruits pendant toute l'existence de l'arbre, quand on leur donne les soins nécessaires. Après avoir appliqué pendant le premier été, les soins que nous venons d'indiquer, nous trouverons, le printemps d'après, notre arbre dans l'état suivant :

Le tiers inférieur qui a développé seulement une rosette de feuilles, portera des boutons assez gros, renflés et un peu allongés, qui se mettront à fruit d'eux-mêmes et sans aucune opération ; le second tiers portera des petits dards longs de 2 à 4 centimètres, qui se mettront également à fruit sans le secours de la taille ; le troisième tiers, qui a produit les bourgeons plus ou moins vigoureux que nous avons soumis au pincement pendant l'été précédent, recevra les opérations suivantes :

Les rameaux de vigueur moyenne seront cassés complètement à une longueur de 6 à 7 centimètres au-dessus d'un œil. Les rameaux plus vigoureux seront d'abord cassés complètement à 9 centimètres environ, et recassés ensuite à moitié, à la hauteur de 7 centimètres environ de la base. Les rameaux oubliés au pincement, qui ont été soumis à la torsion ou au cassement à 15 centimètres, subiront les mêmes opérations, suivant leur degré de vigueur.

Les cassements se font avec la lame de la serpette. On applique le bas de la lame sur le rameau, à l'endroit où on veut le casser, et on donne un coup sec; cette opération se fait très-vîte. Pour les rameaux vigoureux que l'on casse deux fois, on fait le cassement complet comme je viens de l'indiquer, et pour le cassement partiel, on coupe seulement l'écorce à l'endroit où on veut le faire, puis on casse avec précaution pour éviter de détacher le bout du rameau.

Le cassement est une opération analogue au pincement; comme lui, il demande un examen sérieux des variétés, afin de le pratiquer plus ou moins long, suivant leur manière de végéter, et suivant l'état des yeux de la base. Moins ils sont saillants, développés, plus il faut casser court.

Le but du cassement est de renouveler une plaie déchirée ne se cicatrisant pas, et permettant, par conséquent, à l'excédant de sève de s'évaporer, imprimant au rameau un état de souffrance assez grand pour l'empêcher de produire des bourgeons, tout en lui laissant assez de feuilles pour nourrir convenablement les yeux de la base et les convertir en rameaux à fruits.

Lorsque les arbres sont très-vigoureux ou mal équilibrés, il naît quelquefois des bourgeons sur les rameaux cassés; on soumet ces bourgeons au pincement, comme nous l'avons indiqué précédemment.

Lorsque les rameaux ont été cassés, on taille le nouveau prolongement de l'arbre, et on le repalisse. Pendant l'été suivant, on soumet au pincement les bourgeons qui naissent sur les rameaux cassés, et ceux du nouveau prolongement. Le troisième printemps, la portion d'arbre que nous traitons depuis deux ans présente l'aspect suivant.

Les yeux du tiers inférieur sont convertis en boutons à fruits; les dards du second tiers portent tous des boutons à fruits, et enfin, les rameaux qui ont été cassés montrent tous un ou plusieurs boutons à fruits à la base. Tous ces boutons à fruit fleuriront au printemps et donneront des fruits pendant l'été.

Alors on taille, avec une serpette bien tranchante, les dards sur un ou deux boutons à fruit; il vaut mieux n'en laisser qu'un, le plus rapproché de la base, puis on fait tomber tous les tronçons mutilés des rameaux en taillant sur le bouton à fruit le plus rapproché de la base, afin d'avoir les fruits sinon attachés sur la branche-mère, mais au moins sur un onglet très-court.

Dans tous les cas, on ne doit jamais laisser aucune production au-dessus des boutons à fruits.

Le bouton à fruit, complètement constitué, prend le nom de *lambourde*; lorsque la lambourde a fleuri et fructifié, elle porte à l'extrémité un renflement spongieux sur lequel les fruits étaient attachés; ce renflement s'appelle bourse. La bourse porte toujours à la base plusieurs yeux, la majeure partie de ces yeux produit naturellement un bouton à fruit l'année suivante. Quelques-uns donnent naissance à des bourgeons faibles que l'on soumet au pincement et au cassement s'il y a lieu, puis, dès qu'il y a un nouveau bouton à fruit de formé au-dessous, on taille dessus.

Nous remarquerons que chaque lambourde est supportée par une espèce de pédoncule couvert de rides. Chacune de ces rides contient le rudiment de plusieurs boutons à fruits. Il y en a, dans le pédoncule de chaque lambourde, une quantité plus que suffisante pour fournir des boutons à fruits pendant toute l'existence de l'arbre, mais à la condition de rapprocher sans cesse la lambourde, et de ne jamais la laisser s'allonger. Dans le cas contraire, les rudiments de boutons à fruits, contenus dans les rides, s'éteignent, et la lambourde forme une branche tortue, incapable de produire un fruit passable.

Les lambourdes ont toujours tendance à s'allonger par la production de bourgeons ou de nouvelles bourses, ainsi qu'on peut le voir sur tous les vieux arbres; il y en a de longues comme le bras. Il faut veiller sans cesse pour empêcher ces développements intempestifs, et rapprocher constamment, seul et unique moyen d'obtenir *toujours et en grande quantité* de superbes fruits.

Il est urgent de supprimer à temps les fruits trop nombreux; il y en a toujours beaucoup trop sur des poiriers traités comme je l'indique. Ces fruits doivent être enlevés lorsqu'ils ont atteint le volume d'une noisette. Il est facile de choisir alors les mieux développés, ceux qui sont bien sains et bien attachés. On ne doit laisser qu'une poire sur une bourse et non trois ou quatre comme on le fait trop souvent.

Le mode de formation de rameaux à fruits que je viens d'indiquer, est aussi simple que fécond en résultats; il offre les avantages suivants :

1° D'être le plus prompt: les rameaux à fruits sont infailliblement constitués la troisième année et souvent la seconde;

2° D'avoir tous les ans plus de boutons à fruits qu'il n'est possible d'en conserver, précieuse ressource pour greffer les vieux arbres dont les fruits sont de mauvaise qualité;

3° D'obtenir des rameaux à fruits, attachés sur la branche-mère, droite comme une barre de fer, à la place de ces nodosités ignobles à voir, mortelles pour les arbres et nuisibles aux fruits;

4° De récolter toujours des fruits de premier choix; les rameaux à fruits étant obtenus directement sur la branche-mère, sans nodosités et sans bifurcation, la sève abonde sans entraves dans le fruit, et lui fait acquérir un énorme développement;

5° D'offrir des garanties sérieuses de longévité pour l'arbre. Il suffit du plus simple bon sens et d'un seul coup d'œil pour être convaincu que nos arbres à branches droites, à écorces lisses et à feuilles vertes presque noires, tant ils sont pleins de vie et de santé, ne peuvent pas plus entrer en ligne de comparaison avec les tortus et les infirmes qui étalent leur misère dans la plupart des jardins, qu'un étalon arabe de cinq ans ne peut être comparé au roussin de vingt ans que l'on conduit chez l'équarisseur.

L'opérateur ne doit jamais oublier, dans la formation des rameaux à fruits, qu'il doit *obtenir* simultanément deux résultats opposés : faire pousser très-vigoureusement la charpente de l'arbre, et ne faire naître sur cette même charpente que des rameaux latéraux très-faibles, pour les faire couvrir de fleurs à son gré, tout en conservant une large issue ouverte à la sève, lorsque ces mêmes rameaux seront constitués.

FORMATION DE LA CHARPENTE.

LES CORDONS OBLIQUES doivent être inclinés sur un angle de 45 degrés ; on les incline seulement sur un angle de 60 degrés en les plantant, et l'année suivante. Ce n'est que la troisième année, lorsque l'arbre, ayant fourni deux prolongements, a acquis un certain développement, qu'on l'abaisse sur l'angle de 45 degrés, où il doit rester pendant toute son existence.

Les plantations de cordons obliques en espalier ou en plein vent ne doivent pas laisser de lacune sur le mur ou sur le palissage. Le premier et le dernier arbre doivent combler les vides. Il faut donc soumettre le premier et le dernier arbre à deux formes différentes.

Voici comment on opère :

La seconde année, lorsqu'il est bien enraciné et qu'il a poussé un bon prolongement, on incline le premier arbre sur un angle de 50 degrés environ, puis on taille court un rameau en-dessus, situé près de la base, afin d'obtenir un bourgeon vigoureux. On laisse pousser ce bourgeon verticalement pour lui faire acquérir à la fois un plus grand développement et plus de vigueur, puis, au printemps suivant, on le courbe et on le palisse sur la latte parallèle au corps de l'arbre. Par le seul fait de la courbure, il se développe l'année suivante deux ou trois gourmands sur le coude. On choisit le plus vigoureux, on supprime les autres, et on fait subir à ce bourgeon le même traitement qu'au rameau qui lui a donné naissance,

6

et ainsi de suite jusqu'à ce qu'on ait atteint la dernière
latte.

Le dernier arbre est soumis à un traitement différent.
La seconde année, on le couche comme un arbre en cordon a 40 centimètres de hauteur du sol ; puis, pendant
l'été, on laisse pousser autant de bourgeons sur le dessus
qu'il y a de lattes a couvrir. En opérant ainsi, la plantation oblique forme un carré parfait à chaque extrémité.

Enfin, lorsque les cordons obliques ont atteint le haut
du mur ou du palissage, on les taille chaque année à
50 centimètres environ au-dessous du haut du mur ou du
palissage, afin d'obtenir un bourgeon vigoureux dont la
végétation contribue à faire circuler la sève dans toute la
longueur du corps de l'arbre. On pince plusieurs fois ce
bourgeon dans l'été, si cela est nécessaire ; puis, les années suivantes, on retaille tantôt à 20, à 25 ou a 30 centimètres du haut du mur ou du palissage, de manière à
toujours ménager un bourgeon terminal. qui ne sertplus
à l'augmentation de la charpente, puisqu'elle est achevée,
mais à entretenir la végétation.

Quand on plante des cordons obliques et que les arbres
ont quelques rameaux à la base, ce qui a toujours lieu
pour certaines variétés, telles que les doyennés d'hiver,
beurrés d'Aremberg, bergamotte Esperen, Joséphine de
Malines, Suzette de Bavay, etc., etc., on soumet tous les
rameaux au cassement simple ou double, suivant leur
vigueur. L'année suivante, ces rameaux produisent des
boutons à fruits. La tige est taillée comme je l'ai indiqué ;
on en supprime environ le tiers ; un peu moins, le quart
seulement, lorsque les rameaux de la base sont vigoureux ; si l'on taillait trop court, les rameaux cassés produiraient desbourgeons trop vigoureux, et la mise à fruit
en souffrirait.

Lorsqu'on plante un espalier de cordons obliques, il
faut d'abord compter le nombre d'arbres nécessaires, faire
des paquets de chaque variété et les ranger par ordre de
vigueur. On place les variétés les plus vigoureuses à
chaque extrémité, ensuite progressivement les variétés
moins vigoureuses, pour placer les plus faibles au milieu.

Pour les contre-espaliers qui ont deux rangs d'arbres, on procède de la même manière, avec cette différence qu'on partage les variétés en parties égales, afin d'en planter un nombre égal de chaque côté et en regard, conditions indispensables pour obtenir une bonne végétation.

LES CORDONS VERTICAUX, plantés à 30 centimètres d'intervalle, à l'espalier et en contre-espalier, s'élèvent de la même manière que les cordons obliques, avec cette seule différence que les prolongements sont taillés un peu plus courts, et qu'on n'a pas deux arbres à former. le premier et le dernier, pour terminer la plantation carrément. Les rameaux à fruit sont traités de la même manière, pour toutes les formes sans exception.

Les cordons verticaux offrent une précieuse ressource pour garnir très-promptement des murs fort élevés ; c'est là, suivant moi, leur meilleur emploi. Pour les contre-espaliers, je préfère les cordons obliques ; ils sont plus faciles à diriger et demandent un peu moins d'expérience de la part de celui qui les dirige.

LES CORDONS UNILATÉRAUX à un, deux et trois rangs, sont d'excellentes formes pour la plupart des espèces, et pour les variétés de poiriers que j'ai indiquées pour cette forme. Ils ont l'avantage de tenir très-peu de place, chose fort précieuse dans les petits jardins ; de produire dès la seconde année de la plantation ; de donner toujours, et pour toutes les espèces, des fruits magnifiques, et en outre de donner le maximum du produit la quatrième, et quelquefois la troisième année, quand ils ont été bien conduits.

On ne doit employer que des poiriers greffés sur cognassier pour cordons unilatéraux ; affranchir si le sol ne peut nourrir le cognassier, mais ne jamais employer le poirier franc, beaucoup trop vigoureux pour cette forme.

Pour les cordons à un rang, on plante les poiriers à 2 mètres dans les sols de bonne qualité, et à 1 mètre 50 centimètres dans les sols médiocres ; cependant, si on affranchit les arbres, il est urgent de conserver la distance de 2 mètres.

Pour les cordons à deux rangs, on plante les arbres à 1 mètre, et à 70 centimètres pour les cordons à trois rangs.

Lorsque les arbres sont plantés avec tous les soins que j'ai indiqués, on les taille pour obtenir des rameaux à fruits le plus vîte possible. Les ramifications s'il y en a, sont soumises aux cassements, puis on retranche environ le quart, et quelquefois le cinquième seulement de la longueur totale de la tige. J'admets que nous opérons sur des arbres replantés avec toutes leurs racines.

Les cordons unilatéraux à un rang seront couchés à 40 centimètres de hauteur du sol.

La hauteur de 40 centimètres est suffisante pour donner une courbe assez longue, permettant à l'arbre de végéter comme s'il n'était pas couché ; les limaçons ne laissent pas leurs traces dégoûtantes sur tous les fruits, et ceux-ci, mieux exposés aux influences de la chaleur et de la lumière, atteignent toujours le maximum de volume et de qualité qu'ils sont susceptibles d'acquérir.

Les cordons unilatéraux étant destinés à être greffés par approche dès qu'ils se joignent, on doit avoir le soin de classer les variétés avant de les planter, de manière à toujours placer un arbre faible devant un vigoureux.

En plaçant un arbre fort devant un faible, le fort a bientôt rejoint le faible, et dès qu'il est greffé dessus, la surabondance de la sève de l'arbre fort passant dans le faible, égalise en une saison la végétation des deux. En outre, l'arbre fort dépensant la surabondance de sa sève, se met à fruit avec la plus grande facilité, et cette même sève, qui eût paralysé la fructification de l'arbre fort, est d'un grand secours pour l'arbre faible, non-seulement pour augmenter sa charpente, mais encore pour l'aider à nourrir les fruits trop nombreux dont tous les arbres faibles sont toujours couverts.

Lorsque les arbres destinés à faire des cordons ont été convenablement classés, plantés, taillés et chaulés, on les attache avec un osier sur le fil de fer, mais de manière à ce qu'ils restent droits et en ayant le soin de faire un tour d'osier sur le fil de fer, afin d'éviter de le mettre en

contact avec l'arbre. Il faut bien se garder de les coucher
en les plantant, voici pourquoi :

La taille appliquée à l'arbre a pour but de faire développer tous les yeux en boutons à fruits. La fructification,
nous le savons, ne peut s'accomplir sans le secours de la
lumière. Si l'on couche l'arbre immédiatement après l'a-
voir planté, les yeux du dessous, placés dans l'obscurité,
se développeront mal, et ceux du dessus, sur lesquels la
sève agira avec violence, produiront des bourgeons trop
vigoureux pour se mettre à fruit, et la vigueur de ces
bourgeons contribuera à éteindre les yeux du dessous.
Ensuite, l'arbre qui vient d'être planté doit produire un
nouvel appareil de racines, si nous voulons qu'il nourrisse
bien ses fruits. La courbure immédiate est encore un
obstacle à l'émission de nouvelles racines, en ce qu'elle
entrave l'ascension de la sève et paralyse la descension
du cambium. Lorsque l'arbre reste dans sa position verticale pendant le premier été, il est également éclairé de
tous les côtés, presque tous les yeux produisent des boutons à fruits. La position verticale, en permettant à la sève
de monter sans entraves, détermine la formation d'un
prolongement vigoureux, et la descension du cambium,
accomplie sans difficultés, a produit de nouvelles racines.

On peut indifféremment coucher les arbres en cordons
au mois d'octobre, ou au printemps qui suit la plantation.
Au mois d'octobre, les boutons à fruit sont bien formés,
et il reste assez de sève pour coucher sans danger ; si l'on
attend au printemps, il ne faut coucher les arbres que
lorsqu'ils sont en pleine sève.

Lorsque les cordons ont été couchés, on taille sur les
boutons à fruits tous les rameaux qui ont été soumis au
cassement, et comme le cordon est placé sur une ligne
horizontale, on n'a rien à supprimer du prolongement
pour faire développer tous les yeux ; on se contente de le
tailler sur le premier œil situé de côté et en avant, ce
qui n'entraîne qu'à une suppression de deux ou trois centimètres.

Pendant l'été suivant, on soumet les bourgeons latéraux qui se développent au pincement pour les convertir

en rameaux à fruits, et on laisse le bourgeon de prolongement libre, afin de lui laisser acquérir plus de vigueur. Dès que le prolongement dépasse le coude de l'arbre voisin de 25 centimètres, environ, on le greffe dessus. La greffe Aiton est la meilleure pour cet objet.

Lorsque tous les arbres sont greffés les uns sur les autres, il n'y a plus qu'à s'occuper de soigner les rameaux à fruits. On laisse un seul prolongement au dernier arbre, à celui qui termine la ligne. On traite ce prolongement comme je l'ai indiqué pour les cordons obliques, et la ligne, eût-elle cent mètres de long, ce bourgeon suffit pour faire circuler activement la sève dans toute son étendue.

Quand on couche des cordons à deux rangs, on place le premier arbre sur le premier fil de fer ; le second sur le deuxième fil de fer, le troisième sur le premier fil de fer ; le quatrième sur le second fil de fer et ainsi de suite, et on greffe chaque ligne par approche quand les arbres se joignent.

Pour les cordons à trois rangs on couche le premier arbre sur le premier fil de fer ; le second sur le deuxième fil de fer, le troisième sur le troisième fil de fer, le quatrième sur le premier fil de fer ; le cinquième sur le second fil de fer ; le sixième sur le troisième fil de fer, et ainsi de suite jusqu'au bout de la ligne. Quand on couche les arbres des cordons à plusieurs rangs, il faut commencer par le rang le plus élevé.

Il faut toujours placer un arbre vigoureux en premier dans les plantations de cordons à plusieurs étages. On laisse pousser un gourmand sur la courbure de cet arbre, puis, lorsque ce gourmand est bien développé, on le couche sur le fil de fer de l'étage supérieur, et on le greffe sur l'arbre suivant. Pour les cordons à trois rangs, on laisse pousser un second gourmand que l'on traite comme le premier.

PALMETTES ALTERNES GRESSENT. — Toutes les variétés de poiriers, sans exception, peuvent être soumis à cette forme, une des plus fertiles et des plus faciles à faire. Les palmettes alternes peuvent être plantées sur des murs de toutes les hauteurs. Pour le plein-vent je les

limite à cinq étages de branches; le premier à 40 centimètres du sol, et les quatre autres à 30 centimètres
d'intervalle, ce qui donne une hauteur totale de 1 mètre
60 cent.

On plante les arbres à 2 mètres de distance dans les
sols fertiles et à 1 mètre 50 cent. dans les sols médiocres,
en ayant soin de classer les arbres de manière à ce que
les faibles soient placés entre deux forts. On taille immédiatement après la plantation, comme pour les cordons;
on palisse l'arbre tout droit sur les fils de fer, et soit au
mois d'octobre ou au printemps suivant, on le couche
comme les cordons unilatéraux. On laisse le prolongement libre, jusqu'à ce qu'il dépasse un peu l'arbre suivant, et on le greffe par approche, comme les cordons
unilatéraux.

Par le fait de la courbure, il se développe toujours
deux ou trois gourmands sur le coude de chaque arbre.
On choisit le plus vigoureux, et on favorise son développement en le palissant verticalement, puis on supprime
les autres. Ce gourmand, destiné à former le second
étage de branches, absorbe la surabondance de sève de
la partie couchée, et détermine sa mise à fruit de la
manière la plus complète.

Pendant tout l'été, on doit veiller à maintenir l'équilibre entre le prolongement de la partie couchée et le
bourgeon destiné à former le second étage de branches,
et, ce, jusqu'à ce que le premier étage soit greffé par
approche. Une fois greffé, on n'a plus à s'en occuper que
pour soigner les rameaux à fruit.

Dans le cas où le prolongement de la partie couchée
cesserait de pousser, et où le bourgeon destiné à former
le second étage s'emporterait, il faudrait d'abord relever
le bourgeon de la partie couchée, puis, suivant la disproportion, abaisser celui destiné à former une nouvelle
branche. Cette simple opération suffit pour rétablir l'é-
quilibre sans rien couper.

Au printemps suivant, on couche les nouvelles pousses
sur le second fil de fer, mais en sens inverse du premier
étage; on choisit, comme pour les cordons, un œil
placé de côté et en avant, et l'on taille dessus pour for-

mer le prolongement. Au troisième printemps, on choisit un bourgeon vigoureux sur le coude des nouvelles pousses pour former un troisième étage de branches. Pendant l'été, on soumet la seconde ligne au pincement, afin de convertir les bourgeons en rameaux à fruits; on veille à l'équilibre du second et du troisième étage que l'on couche à son tour, au printemps suivant, en sens inverse du précédent, et ainsi de suite, jusqu'à ce qu'on ait obtenu les cinq étages. On greffe successivement chaque étage par approche, au fur et à mesure, dès que les arbres se joignent. La cinquième année au plus tard, car on fait ordinairement les deux derniers étages en un an.

Alors, de quelque longueur que soit le palissage, il présente cinq lignes sans solution de continuité, et d'une fertilité remarquable, parce que ces lignes sont d'égale vigueur dans toute leur étendue. Tous les arbres communiquent entre eux ; chaque ligne est par le fait un canal par où la sève se répand et se dépense également.

PALMETTES A BRANCHES COURBÉES. — Pour cette forme, comme pour toutes les autres, nous planterons toujours des greffes d'un an, avec le plus de racines que nous pourrons obtenir. On supprime, la première année, une partie de la tige égale à la perte des racines, et pendant tout l'été on laisse pousser l'arbre comme il veut.

Lorsque l'arbre est bien enraciné la seconde année, ce qui a toujours lieu quand il a produit des bourgeons vigoureux, on le coupe à 25 centimètres du sol, pour obtenir un bon bourgeon de chaque côté. Si l'arbre n'est pas enraciné, s'il n'a pas poussé de nouveaux bourgeons pendant l'été précédent, il faut rabattre sur le vieux bois, en couper environ la moitié, et attendre un an de plus.

Le recepage fait à 25 centimètres du sol, on laisse pousser plusieurs bourgeons; on en choisit un vigoureux de chaque côté, lorsqu'ils ont atteint une longueur de 20 centimètres environ, et l'on supprime tous les autres.

On laisse pousser ces bourgeons presque verticalement pendant tout l'été, et l'on maintient entre eux une vigueur égale, ce qui est facile avec les inclinaisons. Au printemps suivant, on place ces bourgeons presque horizontalement sur un angle de 5 degrés, il se développe plusieurs bourgeons sur les courbures, on en choisit un bien vigoureux de chaque côté, et on les laisse pousser comme les premiers, en ayant soin de maintenir l'équilibre entre eux.

Les deux premières branches obtenues l'année précédente ont été mises en place sur un angle de 5 degrés environ, presque horizontalement; en conséquence, on n'a retranché que trois ou quatre centimètres de la tige pour obtenir le développement de tous les yeux. Ces yeux se convertiront d'autant plus facilement en boutons à fruits que les bourgeons destinés à faire le second étage absorbent la surabondance de la sève. Donc, par une seule et même opération, nous augmentons la charpente de l'arbre d'un étage, et cette augmentation de charpente est un puissant auxiliaire pour la mise à fruit. En outre, il n'y a jamais de sève perdue dans ce mode de formation, elle est conservée en entier pour concourir à l'accroissement des fruits.

Le troisième printemps, on place les nouvelles pousses parallèlement aux premières branches, en laissant entre elles un intervalle de 30 centimètres, et l'on continue de la même manière jusqu'à parfait achèvement de la charpente.

Lorsque les trois premiers étages sont formés, ce qui demande trois années, l'arbre est très-vigoureux, et la base solidement établie; alors on peut gagner du temps en formant deux, trois et quelquefois quatre étages dans une année suivant la vigueur des variétés.

On laisse d'abord pousser les bourgeons tout-à-fait droit; ils acquièrent très-promptement une grande vigueur. Vers le mois de juin, on les incline sur un angle de 45 degrés. Cette courbure est suffisante pour faire développer un nouveau bourgeon sur les coudes; on favorise l'accroissement de ces nouveaux bourgeons à l'aide de la ligne verticale, on veille à maintenir l'équilibre entre les quatre, et au printemps suivant on met tout en place.

Lorsque chaque branche a atteint la limite qui lui est assignée, on relève le prolongement, et, on le greffe par approche sur la branche qui est au-dessus, et ainsi de suite, jusqu'au haut de l'arbre, où un seul tire-sève de chaque côté est suffisant pour entretenir l'ascension de la sève.

Il résulte de ce mode de formation des arbres une économie de temps très-grande, une augmentation de produit notable, et une grande amélioration dans les produits. On forme ainsi un grand arbre, sans lui avoir coupé un mètre de longueur de bois ; les pincements eux-mêmes sont moins fréquents ; un seul est suffisant, tant l'arbre végète également. Grâce aussi à cette égalité de végétation, les fruits sont d'égale grosseur, et ils deviennent d'autant plus gros, lorsque la charpente est entièrement formée, que les branches sans nœuds, comme sans cicatrices, ne présentent aucun obstacle à la circulation de la sève, qui, emprisonnée dans la charpente de l'arbre, abonde dans les fruits.

PALMETTE A BRANCHES CROISÉES. Cette forme est excellente pour les variétés infertiles. Le croisement des branches est un obstacle suffisant à l'ascension trop brusque de la sève, pour déterminer la fructification. On forme la palmette à branches croisées de la même manière que la précédente, mais avec cette différence que le bourgeon de droite forme la branche de gauche, et celui de gauche la branche de droite.

PALMETTE VERRIER. Excellente forme pour toutes les espèces. C'est la seule qui puisse être faite convenablement avec un tronc droit. L'étendue des branches latérales est telle qu'elles conservent parfaitement l'équilibre grâce à leur développement et aussi à la ligne verticale qui les termine.

La palmette Verrier doit avoir au moins 4 mètres de largeur ; les branches latérales sont palissées horizontalement, et l'extrémité est relevée verticalement lorsqu'elles ont atteint la limite qui leur est assignée. Lorsque le premier étage est formé on en obtient d'autres qu'on palisse à 30 centimètres du premier, et ainsi de suite jusqu'à parfait achèvement.

Lorsque l'arbre a été recepé la seconde année, on conserve trois bourgeons, un de chaque côté pour former le premier étage des branches, et un au milieu pour

former le tronc. On palisse les bourgeons latéraux sur
un angle de 60 degrés pour leur faire acquérir beaucoup
de vigueur. La seconde année on abaisse ces bourgeons
sur un angle de 40 degrés, en ayant soin de redresser
l'extrémité, pour qu'ils fournissent un bon prolongement. On taille le prolongement à 20 centimètres de sa
naissance.

La troisième année on met en place le premier étage
de branches ; on taille le prolongement à 35 centimètres,
pour obtenir un second étage et ensuite on obtient un
étage tous les ans.

Cette jolie et excellente forme convenant à toutes les
espèces et à toutes les variétés, destinée à détrôner les
anciennes par ses avantages est due à un arboriculteur
distingué de notre époque, à M. *Verrier* jardinier en chef
de l'école impériale de la Saulsaie. Nous ne saurions trop
remercier cet habile horticulteur d'avoir doté l'arboriculture française d'une forme qui par son élégance et son
parfait équilibre, est destinée à devenir non-seulement
le plus bel ornement, mais encore une des richesses du
jardin fruitier moderne.

Contre-espalier oblique. C'est la pierre fondamentale
du jardin fruitier. Ces contre-espaliers donnent des fruits
la seconde année de la plantation. C'est le type de la
fertilité et de la prompte fructification. On les élève comme
les cordons obliques en espalier.

L'arboriculture fruitière contient toutes les explications
et tous les dessins nécessaires pour établir soi-même la
charpente et poser les fils de fer.

Lorsqu'on forme la charpente des arbres, on traite au
fur et à mesure de son développement, tous les bourgeons
latéraux par les moyens que j'ai indiqués pour les convertir en rameaux à fruits.

SEPTIÈME LEÇON.

—

RESTAURATION.

Posons d'abord, en principe, avant d'aborder la restauration des vieux arbres, qu'il est beaucoup plus difficile de restaurer un arbre mal conduit et mal taillé, que d'en former un jeune. La restauration est possible sur tous les poiriers, dès l'instant où ils sont pourvus de bonnes racines et d'un tronc sain, exempt de chancres et de carie ; mais je ne saurais trop le répéter, ces restaurations demandent une profonde connaissance de l'organisation des arbres, et une certaine expérience de leur culture et de leur taille.

Pour les arbres ayant une forme à peu près régulière, de bonnes racines, des branches saines, mais offrant des vides, couvertes de têtes de saule, donnant peu ou point de fruits, de mauvais fruits, ou des fruits placés à une exposition qui ne leur convient pas. Il faut opérer ainsi :

Commencer par distribuer également la sève dans toutes les branches, à l'aide des entailles faites avec la petite scie à la main. On fera des entailles en chevron, très-profondes aux branches les plus faibles, afin de leur répartir une grande quantité de sève et de les faire pousser vigoureusement. Il sera utile de relever un peu l'extrémité de ces branches pour faciliter l'ascension de la sève ; si elles offrent une trop grande disproportion avec les autres, il faudra les dépalisser et les attacher le plus verticalement possible à un échalas piqué en terre à un mètre en avant du mur.

Les branches un peu moins faibles, seront entaillées moins profondément; les extrémités seront également relevées, mais moins haut que les précédentes.

Les branches de vigueur moyenne resteront en place, et ne recevront pas d'entailles.

Les branches trop vigoureuses recevront à la base une entaille en sens inverse pour détourner la sève et arrêter leur accroissement.

Les branches les plus vigoureuses seront profondément entaillées, en sens inverse, pour détourner la sève et suspendre leur accroissement disproportionné. De plus, ces branches seront sévèrement palissées contre le mur.

En moins de deux ans, l'équilibre se rétablira dans un arbre ainsi traité. Avant d'indiquer les opérations de taille nécessaires à l'établissement d'une nouvelle fructification, un mot sur la théorie des entailles est nécessaire.

Nous savons que les vaisseaux séveux sont placés dans les couches les plus extérieures de l'aubier; nous savons en outre que ces vaisseaux sont percés d'ouvertures latérales par lesquelles ils communiquent entre eux, et que la sève contenue dans un vaisseau qui est coupé passe par ces ouvertures dans le vaisseau voisin, et ainsi de suite jusqu'à la partie la plus élevée. Donc, si nous voulons rétablir l'équilibre entre une branche faible et une forte, il faudra donner une grande quantité de sève à la branche faible, et en supprimer une quantité non moins grande à la branche forte : opération des plus faciles en pratiquant deux entailles en sens inverse.

Il suffit de faire une entaille en $\wedge$ renversé au-dessus de la branche faible, la sève des vaisseaux coupés aboutira à la pointe du $\wedge$ renversé, dans la branche faible par conséquent, et de pratiquer une entaille en sens inverse au-dessous de la branche forte, afin d'en détourner la sève.

Les entailles faites avec la scie ne sont applicables qu'aux arbres à fruits à pépins; elles détermineraient la gomme chez les espèces à noyaux, sur lesquelles on les fait avec la lame de la serpette.

Lorsqu'on a pratiqué les entailles pour rétablir l'équilibre entre les branches, le premier soin est de les nettoyer complètement, c'est-à-dire d'enlever avec l'émous-

7

soir toutes les mousses et toutes les écorces desséchées
qui nuisent à l'accroissement de l'arbre et servent de
refuge à des milliers d'insectes qui, plus tard, se logent
dans les fruits. Tout ce qui existe d'écorces inertes doit
être enlevé. Il faut ensuite ramasser, avec soin, toutes
les parcelles d'écorce et les brûler immédiatement pour
détruire les œufs et les larves qu'elles contiennent.

On procède ensuite à l'examen des branches ; si elles
sont pourvues de bons prolongements, on taille ces prolongements très-longs, si la branche se termine, comme
souvent, par une tête de saule, il faut l'enlever, couper
la branche en biseau, à une place bien saine et poser une
greffe en couronne Du Breuil à l'extrémité du biseau,
pour fournir un prolongement vigoureux.

On s'occupe après de faire disparaître les têtes de
saules et de combler les vides. Lorsque les têtes de saule
sont mortes, il faut les enlever complètement ; on les scie
d'abord, on unit ensuite la plaie avec la lame de la serpette, de façon à faire disparaître complètement la pro-
tubérance et l'on recouvre de mastic à greffer. Lorsque les
têtes de saule sont encore vivantes et qu'elles portent
plusieurs bourgeons, on choisit le plus faible et le plus
rapproché de la base pour le convertir en rameau à fruit,
puis on enlève complètement la nodosité et les autres
bourgeons, avec la scie et la serpette, puis on recouvre
de mastic. Le bourgeon conservé est soumis au cassement simple ou double, suivant sa vigueur.

Dans tous les cas, il faut toujours enlever la tête de
saule, complètement, et couper jusqu'à ce que la branche
soit bien unie, autant pour la redresser et lui faire acquérir une nouvelle vigueur, que pour éviter la production de nouveaux bourgeons qui dérangeraient l'é-
quilibre de l'arbre.

Lorsque les écorces de la branche peuvent être soule-
vées, ce qui sera possible quatre-vingt-dix-neuf fois sur
cent ; quand cette branche aura été bien nettoyée et chau-
lée, on comblera ensuite les vides, près des têtes de saules
mortes, et sur toutes les parties dénudées avec des greffes de boutons à fruits. Si le fruit de l'arbre doit être
changé, on enlève les têtes de saule et tous les bourgeons,

et l'on pose des greffes sur toute la longueur de la branche, de manière à la garnir complètement. Lorsque la branche doit être entièrement greffée, on commence la restauration, au mois de septembre, par la greffe de la moitié des boutons à fruits; on coupe les têtes de saule à la fin de l'hiver suivant, avec tous les rameaux de l'arbre, et au mois de septembre suivant, on pose le reste des greffes de boutons à fruits afin d'éviter un trop grand nombre de cicatrices à la fois. Il faut toujours maintenir les prolongements longs, jusqu'à ce que la branche soit complètement restaurée et qu'elle ait atteint la longueur qui lui est assignée. Si le fruit de l'arbre peut être conservé, cette taille longue accélère la mise à fruit; si le fruit de l'arbre doit être changé, on enlève tous les rameaux à fruits et on les remplace par des greffes de boutons à fruit.

Chez certaines variétés vigoureuses, comme les crassanes, les bon-chrétien d'hiver, etc., les mutilations réitérées produisent d'énormes têtes de saule et une quantité de bourgeons vigoureux tout autour; il y en a quelquefois huit ou dix. Il serait inutile de traiter ces productions comme je viens de l'indiquer: la sève affluant en abondance dans ces endroits, le bourgeon conservé serait trop vigoureux pour le mettre à fruit. Dans ce cas, on tire parti de la vigueur des bourgeons en posant, au mois de septembre, à la base de chacun, une greffe de boutons à fruits. Les greffes fleurissent au printemps et donnent des fruits d'autant plus beaux qu'ils ont une grande quantité de sève pour les nourrir.

Lorsque les arbres sont complètement restaurés, que l'équilibre est rétabli dans leur charpente, que les têtes de saules ont été enlevées et les vides bouchés avec des greffes de boutons à fruit, ils ne demandent plus que les soins indiqués pour les rameaux à fruit, et peuvent vivre et fructifier encore pendant de longues années en leur donnant les soins de culture et les engrais nécessaires.

Restent les quenouilles ou pyramides. Elles peuvent être restaurées et laissées en pyramide. Dans ce cas, la restauration ne porte que sur des rameaux à fruits; on les rétablit comme je l'ai indiqué précédemment, et l'on peut changer le fruit à l'aide de greffes de boutons à fruits comme je l'ai également indiqué. Mais le premier acte de restauration doit être de supprimer complètement les branches trop rapprochées, de manière à ce que la lumière puisse pénétrer jusqu'à la naissance de chacune d'elles, et de les équilibrer à l'aide des entailles. Lorsque ces arbres ont été mal conduits; ils sont presque toujours trop fourrés, et l'opérateur ne doit pas oublier que toute branche, ou toute partie de branche soustraite à l'action des rayons solaires, restera toujours infertile.

Lorsqu'on conservera le fruit des arbres, il faudra apporter le plus grand soin à rapprocher les lambourdes, qui la plupart du temps ont atteint des proportions énormes sur les arbres mal soignés; il n'est pas rare d'en trouver de 50 centimètres de longueur. Ces productions ayant été négligées se sont allongées et ramifiées à l'infini.

De semblables lambourdes offrent d'immenses inconvénients; elles jettent d'abord de la confusion et de l'obscurité dans l'arbre, ensuite elles produisent bien une grande quantité de fleurs, mais rarement des fruits.

Dans cet état de choses, état qui se rencontre sur tous les arbres négligés, il n'y a pas à hésiter, il faut rabattre les lambourdes, non pas tout de suite, et du premier coup, mais progressivement, d'année en année, pour éviter le développement de bourgeons vigoureux, et obtenir petit à petit des boutons à fruits à la base.

Indépendamment des soins que j'ai indiqués, il ne faut jamais négliger d'enlever les onglets laissés sur les branches et sur toutes les parties inertes et desséchées, qui ne font qu'entraver la végétation et paralyser l'accroissement, et toujours chauler les arbres restaurés pendant deux années au moins, autant pour détruire les insectes que pour stimuler les forces végétatives.

POMMIER.

Tout ce que j'ai dit de la taille du poirier peut s'appliquer au pommier, pour la formation des rameaux à fruits,
avec cette seule différence qu'il faut pincer le pommier
un peu plus sévèrement, et faire les cassements un peu
plus courts.

Le pommier peut, comme le poirier être soumis à toutes les formes, mais cet arbre étant moins difficile sur la
qualité du sol et sur l'exposition, doit céder le pas au
poirier, le roi du jardin fruitier.

La meilleure forme à donner au pommier, celle qui
produit le plus vite et donne les plus beaux fruits, est
le cordon unilatéral, à un, deux et trois rangs.

Quand il y a dans le jardin fruitier un endroit bas, humide, et peu visité par le soleil, il est profitable d'en faire
une normandie. Voici, dans ce cas, comment on opère :
on établit des lignes droites orientées du nord au midi,
et séparées par une intervalle de 1 mètre 20 centimètres.
On pose sur chacune de ces lignes un palissage de 1 mètre 20 centimètres de hauteur, portant trois rangs superposés de fil de fer distants de 40 centimètres ; puis on
plante des pommiers sur chaque ligne, tous les 70 centimètres, et on leur donne tous les soins indiqués pour la
formation des cordons unilatéraux.

Le pommier se greffe sur trois sujets : sur pommier
franc, sur doucin et sur paradis.

Le pommier franc doit être banni du jardin fruitier, il
n'est bon qu'à produire des arbres à haute tige dans les
vergers. Les pommiers greffés sur doucin et sur paradis
sont les seuls qui doivent être cultivés dans le jardin
fruitier, soit pour cordons unilatéraux, espaliers obliques
ou verticaux et formes moyennes.

Le pommier greffé sur paradis est celui qui donne les
fruits les plus gros, mais les récoltes ne sont pas toujours
assurées. Le pommier paradis, sujet très-faible, ne peut
servir qu'à former des cordons unilatéraux à un rang. Le
peu de vigueur de cette espèce oblige à planter les arbres

à 1 mètre 50 centimètres de distance seulement, et encore faut-il au moins trois ans pour qu'ils puissent se rejoindre et être greffés par approche. En outre, le pommier paradis est très-délicat; il lui faut un sol de première qualité, très-substantiel, et surtout très-plat. Il donne les plus mauvais résultats sur les terrains inclinés, où les pluies un peu abondantes déchaussent ses racines toujours placées à fleur de terre.

Le pommier doucin donne des fruits aussi beaux que le paradis quand il est bien soigné; il est beaucoup plus vigoureux, et moins difficile sur la qualité du sol. Le pommier greffé sur doucin produit des arbres excellents dans presque tous les sols, même dans les sols calcaires, où il prospère lorsque le poirier y meurt. Le pommier doucin est le sujet que l'on doit toujours préférer pour greffer le pommier dans le jardin fruitier. Avec lui, on est toujours assuré de réusir.

Le pommier demande un sol frais, et même humide. Presque toutes les variétés donnent les meilleurs résultats aux expositions du nord, nord-est, nord-ouest, excepté les calvilles, le canada et ses congénères, et les apis qui ne donnent de résultats certains qu'aux expositions chaudes, mais un peu ombragées. Toutes les variétés de pommiers greffés sur doucin se défendent même dans les sols siliceux.

VARIÉTÉS DE POMMES SE VENDANT LE MIEUX ET MURISSANT
DANS LES MOIS DE :

Août.

CALVILLE ROUGE D'ÉTÉ. — Fruit petit, conique, d'un rouge foncée, à chair un peu colorée, excellente et très-parfumée.

Septembre.

RAMBOURG D'ÉTÉ, — Fruit très-gros, aplati à côtes, jaune rayé de rouge, un peu acide, excellent cuit. Arbre vigoureux.

MONSTROUS PIPPIN. — Superbe et excellente variété anglaise. Fruit monstrueux, jaune coloré de rouge. Très-précieuse pour les desserts, dont il fait un des plus beaux ornements. Arbre vigoureux.

Octobre.

BELLE DUBOIS. — Fruit monstrueux, à peau jaune verdâtre, l'une des plus grosses pommes que nous possédions. D'assez bonne qualité. Arbre de vigueur moyenne.

Novembre.

CALVILLE SAINT-SAUVEUR. — Fruit gros à côtes, jaune pâle lavé de rouge, excellent et se conservant tout l'hiver. Arbre vigoureux et fertile.

BELLE JOSÉPHINE. — Fruit très-gros, jaune clair, un peu acidulé. L'une des plus grosses pommes connues. Arbre très-vigoureux et très-fertile.

EMPEREUR ALEXANDRE. — Fruit magnifique et excellent, peau jaune rayée de rouge, faisant très-bon effet dans les desserts. Arbre de vigueur moyenne.

REINETTE D'ANGLETERRE. — Fruit gros, jaune, rayé de rouge, d'excellente qualité et se conservant jusqu'en mars. Arbre vigoureux et fertile.

Décembre.

REINETTE DORÉE. — Fruit moyen, à peau jaune tachée de gris, d'excellente qualité. Arbre très-fertile et de vigueur moyenne.

BEDFORSHIRE. — Fruit très-gros, jaune verdâtre, de bonne qualité. Arbre vigoureux et fertile.

REINE DES REINETTES. — Fruit moyen, jaune, taché de gris et coloré de rouge. L'une de nos meilleures pommes, se conservant jusqu'en mars. Arbre fertile et de vigueur moyenne.

REINETTE DU CANADA. — Superbe et excellent fruit à peau jaune, coloré de rouge, et se conservant jusqu'en mars. Cette variété est précieuse en ce que les fruits sont excellents crus et cuits. Il n'y en a jamais trop dans le jardin fruitier. Arbre vigoureux et fertile.

REINETTE DE BRETAGNE. — Très-beau et excellent fruit, jaune et rouge, pas assez connu et trop rare dans le jardin fruitier. Arbre vigoureux et fertile.

De Janvier à Mars.

CALVILLE BLANC. — Fruit excellent, côtelé, à peau jaune verdâtre, très-estimé et très-recherché. Il n'y en a jamais trop dans le jardin fruitier. Arbre vigoureux et fertile.

De Février à Mai.

REINETTE DE CAUX. — Fruit très-gros, à forme irrégulière, d'un vert jaune, excellent et de très-longue garde. C'est une variété précieuse dans le jardin fruitier. Arbre vigoureux et d'une fertilité remarquable.

REINETTE GRISE DE GRANVILLE. — Fruit moyen, excellent et de longue-garde. Arbre assez fertile et de vigueur moyenne.

REINETTE FRANCHE. — Fruit moyen, jaune, taché de gris, d'une qualité remarquable, et se conservant *un an*. On doit toujours planter au moins dix pommiers de reinette franche dans le jardin fruitier. C'est un des derniers fruits qui reste au fruitier. Arbre très-fertile et de vigueur moyenne.

REINETTE GRISE HAUTE BONTÉ. — Fruit gros, aplati, gris marbré de jaune orange, d'une qualité remarquable et se conservant un an. Arbre vigoureux et fertile auquel on doit faire une large place dans le jardin fruitier.

CANADA GRIS. — Superbe et excellent fruit, se gardant jusqu'en juillet, et n'ayant que le défaut de n'être pas assez connu. Arbre vigoureux et fertile.

HUITIÈME LEÇON.

—

PÉCHER.

Avant d'examiner les principales tailles qu'on a appliquées au pêcher, et d'en enseigner une qui m'appartient exclusivement, faisons un choix de variétés à cultiver, parmi les plus rustiques, les plus belles, les meilleures, celles qui sont le moins exposées aux maladies, et peuvent fournir une récolte assurée du 15 juillet à la fin d'octobre.

VARIÉTÉS DE PÊCHES MURISSANT DANS LE MOIS DE :

Juillet.

DESSE HATIVE, la première de toutes les pêches, mûrissant vers le 15 juillet. Fruit moyen, rond, un peu aplati en dessous, marqué d'un large sillon. Chair blanc verdâtre, très-fondante et d'une qualité supérieure.

Août.

GROSSE MIGNONNE HATIVE. — Fruit gros, arrondi, un peu aplati, creusé par un large sillon; peau jaune fortement colorée de rouge du côté du soleil. Chair délicieuse. Cette variété est la plus précieuse que nous possédions. L'arbre, vigoureux et d'une fertilité remarquable, vient à toutes les expositions, et donne les meilleurs résultats pour les plus grandes formes d'espalier.

GROSSE MIGNONNE TARDIVE. — Fruit magnifique et excellent, un peu plus coloré que le précédent, et mûrissant vers la fin d'août. L'arbre, vigoureux et d'une grande fertilité, peut être soumis aux plus grandes formes d'espaliers à l'exposition de l'est, du sud-est, du sud-ouest, et même de l'ouest.

Les mignonnes sont les variétés les plus rustiques et les plus fertiles; elles doivent former le fond des plantations de pêchers, car, indépendamment de ces qualités, leur fruit est un des meilleurs.

BELLE BEAUCE. — Fruit superbe et excellent, ayant beaucoup d'analogie avec la grosse mignonne tardive, mais mûrissant quinze jours plus tard, vers la fin d'août et dans la première quinzaine de septembre. Arbre vigoureux et fertile, propre aux plus grandes formes.

Septembre.

REINE DES VERGERS. — Fruit aussi remarquable par son coloris que par sa qualité; vert jaune, fortement coloré de rouge, chair excellente. Arbre très-vigoureux, pouvant être soumis aux plus grandes formes d'espalier, à l'exposition du sud-est.

BRUGNON STANWICK. — Le meilleur de tous les brugnons, mûrissant vers le 15 septembre. Arbre très-fertile de vigueur moyenne, bon pour les petites formes d'espalier à l'exposition du sud-est et du sud-ouest.

Quand on veut manger les brugnons très-bons, il faut les cueillir un peu avant leur complète maturité, et les laisser mûrir pendant cinq ou six jours dans un endroit obscur.

Octobre.

BELLE DE VITRY. — Fruit très-gros, rond, jaune clair, coloré de rouge. Chair excellente. Arbre très-vigoureux et très-fertile, propre aux plus grandes formes d'espalier. Cette variété remarquable, autant par la qualité et le volume de ses fruits que par la rusticité de l'arbre, vient à toutes les expositions; elle doit former le fonds des plantations de pêchers tardifs.

CHEVREUSE TARDIVE. — Fruit moyen, d'excellente qualité. Arbre très-fertile, mais peu vigoureux, bon pour les petites formes d'espalier à l'exposition du midi.

Le pêcher doit toujours être cultivé à l'espalier, aux expositions que j'ai indiquées; il peut être soumis à toutes les formes, sans exception, car c'est l'arbre le plus complaisant et le plus docile quand on sait le conduire. Mais il ne faut jamais oublier que cet arbre est, entre tous, celui qui a le plus de tendance à s'emporter par le haut. Il faut donc choisir, pour le pêcher, des formes qui facilitent le développement de la base et paralysent celui du sommet, et surtout éviter, plus que dans toute autre espèce, les lignes verticales.

Quand on veut récolter vite et beaucoup, la forme préférable est le cordon oblique; c'est même celle qu'il faut toujours choisir pour les petits jardins, ou quand on a peu de murs à planter. Indépendamment de l'avantage de récolter vite et beaucoup, la multiplicité des arbres permet d'augmenter le nombre des variétés, et par conséquent de prolonger la récolte le plus possible.

Toutes les variétés de pêchers indistinctement pourront être soumises à la forme en cordons obliques contre les murs de 2 mètres 50 centimètres à 3 mètres d'élévation, et en cordons verticaux contre les murs dont l'élévation excédera 4 mètres. Les cordons obliques seront plantés à 40 centimètres de distance, et les cordons verticaux à 30 centimètres. En outre, il faudra, comme pour les poiriers, classer les variétés par ordre de vigueur, et de manière à placer les plus vigoureuses aux extrémités et progressivement les plus faibles au milieu.

Pour les murs ayant moins de 2 mètres 50 centimètres d'élévation, on pourra soumettre le pêcher à la forme de palmettes alternes Gressent. Cette forme donne des fruits aussi promptement que les cordons obliques, et convient à toutes les espèces. Il faudra, en plantant, avoir soin de placer les arbres faibles entre deux forts, afin de les faire profiter de l'excédant de sève des arbres vigoureux lorsqu'ils seront greffés par approche.

La palmette Verrier remarquable par son élégance et

par sa fécondité, est une excellente forme pour le pêcher, et une des plus faciles à exécuter.

Le pêcher peut être encore soumis aux formes d'éventail, de candélabre, palmette Gressent, en cages Gressent, formes que le cadre de cet ouvrage ne me permet pas de traiter, et qui sont toutes enseignées et dessinées dans l'*Arboriculture fruitière*.

Contrairement aux autres espèces, le pêcher devra être recepé, coupé au pied en le plantant, et cela pour toutes les formes sans exception. Voici pourquoi :

Lorsque les yeux qui existent à la base des rameaux du pêcher ne se sont pas développés la seconde année, ils s'éteignent irrémissiblement. De cette loi, la nécessité de rabattre sur les yeux de la base pour les faire développer.

La qualité des pêchers à planter gît dans le nombre d'yeux latents qui existent à la base. Lorsqu'on destine un pêcher à une forme qui ne demande que deux branches latérales, on le coupe très-bas, à 25 centimètres du sol, pour obtenir seulement deux bons bourgeons; mais s'il est destiné à former un cordon oblique ou vertical, pourvu d'une seule branche, et qu'il y ait plusieurs yeux à la base, on coupe l'arbre à 40 centimètres du sol, pour aller plus vite et tirer parti des bourgeons qui naîtront de ces yeux. Quand on n'a besoin que de deux bourgeons latéraux, on en laisse pousser cinq ou six, et quand ils ont atteint la longueur de 25 à 30 centimètres, on choisit les deux plus vigoureux et mieux placés, et l'on supprime tous les autres.

Le pêcher se greffe sur quatre sujets différents : sur amandier, sur pêcher franc, sur prunier, et sur épine noire.

L'amandier est le sujet le plus communément employé; il donne lieu à des arbres plus vigoureux que les trois autres. On emploie pour greffer le pêcher l'amandier doux à coque dure, c'est le moins sujet à la gomme; mais l'amandier demande un sol substantiel, très-profond, pas trop compacte et exempt d'humidité; il donne également de bons résultats dans les sols caillouteux lorsqu'ils sont de bonne qualité, et surtout assez profonds, pour que ses racines pivotantes puissent y trouver leur nourriture à une grande profondeur.

Dans les sols humides, l'amandier pousse d'abord très-vigoureusement, mais il est toujours ruiné par la gomme la troisième ou la quatrième année.

Le pêcher franc est un excellent sujet pour greffer le pêcher, il produit des arbres un peu moins vigoureux que l'amandier; il demande comme lui un sol substantiel, perméable et exempt d'humidité; mais les racines étant moins pivotantes que celles de l'amandier, il réussit bien dans les sols moins profonds, où l'amandier souffrirait.

Le pêcher franc, malgré tous ses avantages, n'est pas répandu dans le commerce; la difficulté que les pépiniéristes éprouvent à se procurer des noyaux en assez grande quantité les empêche de le cultiver.

Le prunier est employé pour greffer les pêchers destinés à être plantés dans des sols où l'amandier ne pourrait prospérer. On emploie communément pour cela le prunier de Damas ou de Saint-Julien, dont les racines traçantes peuvent trouver leur nourriture dans les sols peu profonds ou plus humides.

L'épine noire, qui pousse toute seule dans tous les fossés, est au pêcher ce que l'épine blanche est au poirier, C'est la ressource suprême, dans les sols où rien ne veut pousser; grâce à l'épine noire, on peut récolter d'excellentes pêches indistinctement dans la craie ou dans la glaise. La découverte de ce précieux sujet est due à M. le curé d'Auxonne qui, comme beaucoup d'ecclésiastiques, consacre ses loisirs aux travaux de l'horticulture.

Suivant la nature du sol, on choisira les pêchers greffés sur amandier, sur pêcher franc sur prunier ou sur épine noire. C'est une question d'appréciation pour la personne qui veut planter. L'opérateur choisira également les formes suivant son goût, la hauteur de ses murs, et les sujets qu'il plantera. Ceci posé, occupons-nous de la création des rameaux à fruits sur le pêcher.

Disons tout d'abord que le berceau de la culture du pêcher est Montreuil; disons aussi que les cultures de Montreuil sont les plus parfaites et les plus productives, surtout lorsqu'elles sont dirigées par des hommes de la valeur de MM. A. Lepère et F. Malot. Montreuil doit sa richesse à la culture du pêcher; il n'y a qu'une profession pour les habitants de ce village; cultivateurs de pêcher, ils vivent avec leurs arbres ; ils s'identifient à eux, les aiment et les soignent comme des enfants, et ils ont ma foi raison, car ce ne sont pas des enfants ingrats. Je connais plusieurs cultivateurs de pêchers qui étaient loin d'être riches il y a vingt ans, et qui aujourd'hui possèdent des fortunes très-respectables, sans avoir fait autre chose que de tailler et palisser leurs pêchers et vendre leurs pêches.

Mais la taille de Montreuil exige pour donner de bons résultats et des connaissances approfondies et des soins constants que la plupart des personnes qui cultivent les pêchers, ne peuvent ni acquérir ni donner surtout lorsqu'elles sont éloignées de Paris. Pour traiter les pêchers comme à Montreuil, il faut non-seulement étudier très-sérieusement la taille du pêcher pendant plusieurs années, mais encore pouvoir leur consacrer beaucoup de temps pour les palissages en sec et en vert, pincements, tailles en vert etc. etc., opérations difficiles par elles-mêmes, demandant beaucoup de temps et une grande habilité, et qui, si elles sont mal exécutées donnent les résultats les plus déplorables.

Le plus souvent les propriétaires et les jardiniers qui s'occupent de la taille des pêchers échouent, les premiers parce qu'ils manquent des connaissances nécessaires, les seconds parce que le soin à donner aux fleurs et au potager ne leur permet pas de faire les opérations nécessaires en temps utile.

Un amateur d'arboriculture distingué, aussi laborieux que modeste, M. Grin aîné, de Chartres, a eu la pensée de chercher un autre mode de taille pour les rameaux à fruits du pêcher.

Le but de M. Grin était d'obtenir une grande quantité de fruits par des moyens plus simples et surtout plus à la portée de tous. L'honorable amateur, dont l'unique ambition était d'être utile à tout le monde, s'est mis au travail avec une persévérance des plus louables.

La méthode de M. Grin présentait de prime abord les avantages suivants: la suppression des palissages d'hiver et d'été, et des tailles en vert. Ensuite, au lieu de conserver un intervalle de 60 centimètres entre les branches de la charpente, une distance de 30 centimètres suffit pour les rameaux à fruits. Cela permet de doubler le nombre des branches de la charpente, et nous devons le dire à l'honneur de M. Grin, le nombre des branches de la charpente étant doublé, celui des fruits l'est aussi, car les bourgeons pincés de M. Grin portent au moins autant de fruits que les coursonnes de Montreuil.

Il y avait là une école nouvelle qui s'élevait à côté de celle de Montreuil, école dont M. Grin est le fondateur, et qui dès son début paraissait simplifier les opérations les plus difficiles en augmentant le produit. Les résultats obtenus par M. Grin sont incontestables, aussi ont-ils ému les praticiens comme les amateurs d'arboriculture.

Disons avant tout que le pêcher comme tous les arbres à noyaux ne fructifie que sur le bois formé l'année précédente, et que tout rameau qui a fructifié ne porte jamais d'autres fruits. La fructification de l'année suivante s'obtient sur de nouveaux rameaux nés sur celui qui a porté des fruits. La grande difficulté, dans la taille de Montreuil est d'obtenir des rameaux de remplacement à la base de ceux qui portent des fruits. Au printemps qui suit la récolte on rabat le rameau qui a fructifié sur celui qui est né à la base, et qui porte des fruits à son tour.

Lorsque le rameau de remplacement est né à la base tout est pour le mieux, mais si ce rameau s'est produit à dix, quinze et même vingt centimètres de la base, il reste un talon de bois sec, dénudé, qui, s'allonge et durcit chaque année, offre un obstacle insurmontable à l'ascension de la sève, et bientôt l'arbre dénudé et déformé meurt épuisé.

La taille de M. Grin donne des bourgeons de remplacement à volonté. Voici comment il opère :

Dès qu'un bourgeon de pêcher a atteint la longueur de 5 centimètres environ, il est pincé sur les deux premières feuilles de la base. Il se développe bientôt de nouveaux bourgeons à l'aisselle des deux feuilles ; ces bourgeons sont pincés à une feuille seulement lorsqu'ils ont atteint une longueur de 5 centimètres, et jusqu'au mois d'août, on pince successivement à une feuille, toutes les productions qui apparaissent sur les bourgeons pincés ; arrivé à cette époque, on laisse allonger un peu les derniers bourgeons, en en pinçant toutefois l'extrémité s'ils dépassaient une longueur de 10 à 12 centimètres. L'effet de ces pincements successifs, lorsqu'ils sont bien faits, est de produire pour l'année suivante une lambourde ramifiée et couverte de fleurs. Alors on taille court sur les fleurs les plus rapprochées de la base, les yeux situés sur l'empatement de la lambourde, se développent l'année suivante. On choisit le bourgeon le plus rapproché de la base pour le soumettre aux pincements et fournir une nouvelle lambourde, puis on supprime tous les autres.

Très-souvent, les pincements réitérés ont pour effet de faire développer en bouquets de mai les yeux de la base.

J'avais accepté avec enthousiasme le principe qui régit la taille de M. Grin. L'application de cette taille a très-fréquemment produit à la base des rameaux des bouquets de mai. La présence de ces bouquets a été une révélation pour moi, et, me demandant si, à l'aide d'une taille plus simple encore que la méthode de M. Grin, il ne serait pas possible d'obtenir cinquante fois sur cent des bouquets de mai à la base des rameaux, et cinquante autres fois des fleurs très-rapprochées de la base, je me suis répondu qu'il fallait essayer.

Je me suis mis à l'œuvre avec ardeur, en expérimentant ma taille nouvelle dans soixante jardins à la fois ; la première année m'a donné de bons résultats ; j'ai augmenté le nombre des expériences ; la seconde, les résultats ont été excellents ; j'étais fixé dès-lors, mais j'ai voulu attendre encore les résultats de la troisième avant d'enseigner cette taille. A l'exemple de mon éminent collègue, M. Du Breuil, j'avais enseigné la formation des rameaux à fruit de M. Grin avec quelques modifications, en disant à mes élèves : « c'est une nouvelle école qui s'élève, appliquez toujours cela, vous obtiendrez de meilleurs résultats que par les procédés connus; je travaille sans cesse et sans relâche, et bientôt, j'en ai l'espérance, je pourrai vous enseigner quelque chose de moins compliqué et donnant d'aussi bons résultats. »

La troisième année (1861), j'ai traité les pêchers de tous les jardins que je soigne, sans exception, par ma nouvelle taille, et je puis montrer partout, une fructification des plus remarquables. Fort de mes résultats et de l'autorité de trois années d'expérimentation, je livre au public ma taille, plus facile que celle de Montreuil, demandant moins d'assiduité que les pincements de M. Grin, produisant autant de fruits, et donnant plus de vigueur aux arbres.

Tout ce que j'ai dit de la formation de la charpente et du recepage, en plantant les pêchers, s'applique à ma taille comme à toutes les autres. Les modifications portent seules sur les rameaux à fruits.

Supposons un prolongement de la charpente de l'année précédente, taillé de manière à développer tous ses yeux. La première opération, avant de palisser ce prolongement, sera d'éborgner avec la lame du greffoir tous les yeux placés du côté du mur. Cette opération consiste à couper l'œil à sa base; ensuite, et seulement lorsque les yeux conservés, ceux du dessus, du dessous et du milieu du prolongement, auront produit des bourgeons de 2 à 3 centimètres de longueur, il faudra enlever les bourgeons doubles ou triples, en les coupant à leur base avec la lame du greffoir. Il ne faut en conserver qu'un seul à chaque endroit, le plus vigoureux en dessous de la branche, et le plus faible en dessus et au milieu.

On laisse tous les bourgeons conservés se développer librement, jusqu'à ce qu'ils aient atteint la longueur de 14 à 16 centimètres, et alors seulement on les pince une fois pour toutes, de 12 à 15 centimètres, suivant la vigueur et suivant les variétés. Celles qui ont les mérithalles très-longs seront, comme pour le poirier, pincées un peu plus long que celles qui les ont très-rapprochés.

Pour pratiquer le pincement avec fruit sur le pêcher,

il faut que le bourgeon soit déjà coriace et ait acquis un peu de consistance ligneuse. Ce pincement est le seul à appliquer au pêcher.

Il faut éviter de pincer à la fois tous les bourgeons d'un pêcher ; d'abord parce que, dans ce cas, il y aurait des bourgeons trop tendres, et d'autres, trop longs, et que l'opération serait mauvaise ; ensuite, parce que le temps d'arrêt occasionné dans la végétation par le pincement de tous les bourgeons pourrait déterminer la gomme.

Le pincement doit être fait au fur et à mesure de la maturité des bourgeons, lorsqu'ils ont acquis de la consistance et que les yeux de la base sont bien formés. Le but de ce pincement est de suspendre momentanément la végétation du bourgeon, de l'empêcher de devenir trop vigoureux et de concentrer pendant un temps donné l'action de la sève sur les yeux de la base, assez longtemps pour les bien constituer et y faire naître des fleurs ou des bouquets de mai, pas assez pour leur faire produire des bourgeons.

Quelque temps après, il se produit un bourgeon anticipé à l'extrémité du bourgeon pincé. On laisse pousser ce nouveau bourgeon jusqu'à ce qu'il ait atteint une longueur de 20 centimètres environ, ce qui nous mènera jusqu'au mois de juillet pour les bourgeons de vigueur moyenne ; puis, à cette époque, si les yeux de la base sont bien développés, on taillera en vert avec la serpette, au-dessus du pincement ou au-dessous, si les yeux de la base ne sont pas suffisamment constitués. Au printemps suivant, le bourgeon taillé en vert sera taillé sur un onglet de 2 centimètres, portant plusieurs fleurs, et l'année suivante, pendant que le rameau que nous venons de tailler produira des fruits, l'effet de la taille courte que nous lui avons appliquée sera non-seulement de concentrer une grande quantité de sève sur les fruits, et de leur faire acquérir un volume remarquable, mais encore de faire développer à la base de ce rameau, les yeux latents en bourgeons. On conservera le plus faible pour le soumettre au traitement que je viens d'indiquer, et fournir un rameau fructifère pour l'année suivante, et l'on coupera le rameau qui a fructifié à sa base, et ainsi de suite chaque année, sans jamais laisser allonger les talons et sans craindre de voir sur les pêchers ces productions de vieux bois inerte, aussi longues que nombreuses.

Si la taille en vert a été faite à 5 ou 6 centimètres de long sur un bourgeon très-vigoureux, la sève, circonscrite dans un espace plus restreint, a opéré une pression plus forte sur les yeux de la base, et les a fait développer en bouquets de mai; alors on taille sur le plus près de la base et il se développe l'année suivante un bourgeon de remplacement au-dessous du bouquet. Dans ce dernier cas, il est urgent de laisser pousser librement le bourgeon anticipé qui naît après la taille en vert jusqu'à ce qu'il ait atteint une longueur de 15 à 20 centimètres; il absorbe la sève surabondante et contribue puissamment à la formation des bouquets de mai. Si ce même bourgeon devenait trop vigoureux, il serait utile de lui appliquer une taille à quelques centimètres de longueur, suivant l'état des yeux. Si le rudiment des bouquets est formé, il faut laisser la sève se dépenser; s'il n'est pas bien formé, il faut déterminer sa formation en concentrant momentanément l'action de la sève sur eux, opération facile, en coupant le bourgeon à 3 ou 4 centimètres, suivant l'état des yeux. Le temps d'arrêt occasionné par l'amputation est suffisant pour développer les yeux de la base; le nouveau bourgeon qui pousse au-dessous de la section, absorbant la sève surabondante, arrête leur élongation et détermine leur mise à fruit.

Les tailles en vert, comme les pincements, ne doivent pas être faites toutes en même temps, mais partiellement. Elles fournissent à l'opérateur, en pratiquant ainsi, le moyen le plus énergique d'équilibrer les arbres.

Si les arbres sont mal équilibrés, il se produira inévitablement une certaine quantité de gourmands; on les soumet au pincement à 16 centimètres environ, puis, lorsqu'ils ont produit un nouveau bourgeon de 15 à 20 centimètres de long, on rabat ce bourgeon sur le premier ou le second œil de la base, puis, dans le courant de juillet ou vers les premiers jours d'août, suivant la température et l'état de la végétation, on taille le premier bourgeon à 5 centimètres, la sève a encore assez d'action pour faire développer les yeux de la base, assez pour les convertir en bouquets de mai, trop peu pour les faire développer en bourgeons.

Les bourgeons anticipés qui se développeront sur les prolongements seront pincés très-court, à deux feuilles, et ce, dès que la troisième paire de feuilles sera visible. Le bourgeon qui naîtra après ce pincement sera traité comme je l'ai indiqué précédemment, et si la taille en vert a été bien faite, le rameau résultant du pincement portera un bouquet de mai le printemps suivant et sera taillé sur ce bouquet.

Cette nouvelle taille des rameaux à fruits du pêcher offre les avantages suivants :

1º De dispenser des palissages d'hiver et d'été, les opérations les plus longues et les plus difficiles dans la taille du pêcher ;

2º De ne demander qu'un intervalle de 30 centimètres entre les branches de la charpente, ce qui permet d'en doubler le nombre et de diminuer de moitié l'espace occupé par les arbres ;

3º D'obtenir une grande quantité de fruits attachés sur des onglets très-courts et de permettre à la sève de parvenir jusqu'à eux sans entraves ;

4º De ne jamais donner lieu à la naissance de talons ni de têtes de saule, qui empêchent les fruits de grossir, en entravant la circulation de la sève ;

5º D'être la taille la plus simple et le plus à la portée de tous.

Cette taille est en effet celle qui peut donner les meilleurs résultats même lorsqu'elle sera médiocrement exécutée, en ce que le mal produit par une opération mal faite pour être réparé par l'opération suivante, ce qui ne peut avoir lieu ni pour la taille des coursonnes, ni pour les pincements.

Ainsi admettons que les pincements aient été mal faits : s'ils ont été faits trop longs, on sera toujours à même d'y remédier par une taille en vert; on taillera un peu plus court; s'ils sont trop courts, cela pourra nuire à la vigueur de l'arbre, surtout s'ils ont été faits trop tôt; ils produiront des vides sur la branche, mais on aura encore des fleurs, et en taillant bien en vert, le mal pourra être réparé.

L'immense avantage de cette taille, je le répète, est de pouvoir remédier à une opération mal faite, ou faite en temps inopportun. La taille en vert est une ressource inappréciable; elle permet toujours de remédier à tout et de produire des fleurs quand même, et où l'opérateur voudra les obtenir, toutes les fois qu'elle sera bien exécutée et appliquée du 15 juillet au 5 août.

J'ai passé trois années entières à accomplir mon œuvre, et je n'ai voulu la livrer au public qu'après trois expériences consécutives, non pas des expériences sur quelques arbres dans un seul jardin, mais sur des centaines d'arbres, dans plus de cent jardins, créés dans tous les sols et sous plusieurs climats différents. Le résultat de mes nombreuses expériences me donne *la certitude la plus absolue sur les résultats*, et pour cette nouvelle taille, comme pour tout ce que j'ai créé, je fais appel à tous, et leur dis : venez, regardez et jugez. Ma porte est ouverte à tout le monde dans l'intérêt de la science.

Ma taille de pêcher, bien appliquée produira les résultats les plus prompts et les plus féconds. Le pincement bien fait détermine la fructification; la taille en vert, appliquée juste, fait naître les fleurs où l'on veut les avoir. La taille en vert est la clef de la fructification; elle l'établit d'une manière certaine, sans trouble pour la végétation, sans danger pour l'arbre, et place les fruits dans les meilleures conditions pour acquérir toute la qualité et tout le volume possible, puisqu'ils sont attachés sur des bouquets de mai ou sur onglets très-courts, nés eux-mêmes sur la branche mère, et qu'il n'y a jamais de nodosités ni de talons à la base pour entraver la circulation de la sève.

Appliquée imparfaitement, cette taille donnera encore des résultats; elle produira des fruits quand même, et aura surtout l'immense avantage de maintenir l'arbre en équilibre et d'éviter les nombreux gourmands qui perdent tous les pêchers mal soignés.

On m'objectera qu'il faut pratiquer un pincement en plusieurs fois ; faire une ou deux tailles en vert également à plusieurs reprises, et que tout cela demande du temps. On objectera encore que les pincements sont difficiles à faire, que les tailles en vert demandent un certain savoir et exigent une appréciation sûre de la part de l'opérateur. Cela est vrai, mais je répondrai :

Ces diverses opérations demandent du temps et du travail, mais beaucoup moins que la taille en coursonnes, et moins aussi que les pincements. En outre, si la première opération est mal exécutée dans l'une comme dans l'autre de ces deux tailles, tout est manqué et à recommencer l'année d'après, tandis qu'avec ma taille on peut réparer une et même deux erreurs.

Cette nouvelle taille, comme toutes les opérations basées sur l'anatomie et la physiologie végétales, les seules qui puissent donner des résultats exacts, demande un certain savoir et de l'intelligence de la part de l'opérateur ; cela est encore vrai, mais rien ne peut se faire en quoi que ce soit sans savoir et sans intelligence. Toutes les tailles, même les plus simples, demandent de l'étude, et ne peuvent être réduites à l'état mécanique. C'est aux personnes qui veulent des récoltes de fruits assurées et égales chaque année, à travailler et à apprendre. Celles qui ne voudront ni travailler ni apprendre devront s'abstenir de créer des jardins fruitiers, et planter des vergers avec des arbres à haute tige, non soumis à la taille et donnant des fruits quand la saison le permet.

RESTAURATION DU PÊCHER.

Le pêcher est plus difficile à restaurer que les autres arbres, parce qu'il est d'abord presque entièrement dégarni quand il a été mal conduit, et qu'ensuite il est assez difficile d'obtenir de nouveaux bourgeons sur cet arbre quand ses branches sont dégarnies depuis longtemps.

Un moyen très-énergique de restaurer les vieux pêchers,

et qui donne d'excellents résultats, quand toutefois les branches sont saines, est celui-ci :

Rabattre les branches de la charpente, c'est-à-dire en supprimer le tiers ou le quart, suivant l'état de l'arbre, et avoir le soin de couper sur un bourgeon vigoureux, propre à fournir un bon prolongement. Favoriser le développement de bourgeons vigoureux, en les palissant verticalement, jusqu'à ce qu'ils soient assez longs pour couvrir toutes les parties dénudées, alors on les couche sur la branche dégarnie et l'on pratique des greffes herbacées Jard avec ces bourgeons, sur toutes les parties dénudées. Puis, pendant la première année seulement, on soumet au pincement de M. Grin, à deux feuilles d'abord, et à une ensuite tous les autres bourgeons latéraux. Ces pincements ont pour effet de concentrer l'action de la sève sur les prolongements, de leur faire acquérir une grande longueur, et ensuite ils font souvent naître de nouveaux bourgeons sur le vieux bois.

La seconde année, on peut récolter une assez grande quantité de fruits ; on applique la taille que j'ai indiquée, et, en moins de quelques années, on fait encore avec un mauvais pêcher un arbre susceptible de produire d'abondantes récoltes, mais en ayant toujours le soin de conserver des bourgeons pour pratiquer des greffes sur les parties dénudées. C'est, il est vrai, une œuvre de patience ; mais, lorsqu'on fait une restauration avec intelligence, on est bien récompensé de ses peines par la production ; car, toutes choses égales d'ailleurs, un vieil arbre restauré produit toujours plus et plus vite qu'un jeune.

Chaque fois qu'on restaure un pêcher, il est urgent d'enlever une partie de la terre qui recouvre les racines, pendant le repos de la végétation, et de la remplacer par de la terre neuve, prise au milieu d'un carré de potager, de la bien fumer avec des engrais très-consommés, et de mêler à l'engrais quelques poignées de plâtre ou de cendres. Le plâtre est toujours préférable quand on peut s'en procurer. On peut employer pour cet usage des plâtras provenant de démolitions, en ayant soin de les réduire presque en poudre.

Dans tous les cas, quand on plantera des pêchers, sur

quelque sujet qu'ils soient greffés, il sera toujours bon
d'additionner les engrais de calcaire, et d'en ajouter
une petite proportion aux engrais qu'on leur distribue
tous les ans.

Le pêcher fleurissant de très-bonne heure a besoin d'a-
bris plus complets que les autres espèces. Disons d'abord
que les pêchers non abrités ne donnent jamais de récoltes certaines; avec les abris, on peut compter sur une
récolte égale tous les ans, à un dixième près.

Le pêcher exige impérieusement un chaperon mobile,
de 40 centimètres de saillie pour les murs de 3 mètres
d'élévation environ, et d'un mètre de saillie pour ceux
dont la hauteur excède 5 mètres. Ce chaperon, en simples
paillassons ou en carton bitumé, doit être posé incliné,
pour faciliter l'écoulement des eaux, et posé sur des consoles en fer galvanisé, scellées dans le mur, ou sur des
supports mobiles en bois, reliés entre eux par une tringle solide en bois ou en fer. On pose ces chaperons vers
le 20 février, et on les laisse jusqu'au 20 mai, époque à
laquelle il n'y a plus de gelées à redouter.

Ces chaperons sont à la rigueur les seuls abris nécessaires pour le pêcher. Ce sont les seuls usités à Montreuil; mais les murs, très-rapprochés, y forment déjà
un abri naturel. Il n'en est pas de même dans les jardins
fruitiers de propriétaires, où il n'y a que des murs de
clôture, par conséquent fort éloignés les uns des autres.
Dans ce cas, le chaperon mobile n'est pas un abri suffisant; il est nécessaire d'y ajouter une toile très-claire
(on en fabrique exprès pour cet usage), que l'on attache
d'un bord sur la tringle qui relie les consoles, et que l'on
fixe de l'autre à un fil de fer tendu sur des piquets au
milieu de l'allée.

Les pêchers sont enfermés dans une espèce de serre,
et les trois quarts des fleurs nouent par tous les temps.
En outre, un abri ainsi installé permet de placer au bord
de la plate-bande un double cordon d'abricotiers, qui est
abrité sans dépense aucune, et donne les meilleurs résultats, grâce à cet abri.

AMANDIER.

L'amandier se traite en tout comme le pêcher. Il exige l'espalier aux mêmes expositions ; les formes à lui imposer et la taille à lui appliquer sont les mêmes.

Il n'y a qu'une seule variété d'amandier à cultiver pour récolter les fruits verts, c'est l'*amandier princesse*.

NEUVIÈME LEÇON.

—

ABRICOTIER.

Nous cultiverons l'abricotier dans le jardin fruitier, rarement à l'espalier, souvent en plein vent, à des expositions chaudes, pour avoir des fruits plus savoureux ; et, à l'aide des abris et de la taille, nous obtiendrons chaque année une quantité égale de fruits excellents, dont nous prolongerons la récolte le plus possible , en plantant les variétés suivantes, mûrissant dans les mois de :

Juillet.

GROS ROUGE PRÉCOCE, fruit gros, oblong, jaune foncé taché de rouge, excellent. Arbre vigoureux et fertile. Exposition du sud-est et du sud-ouest.

Août.

COMMUN, fruit gros, arrondi, jaune pâle de bonne qualité, mais cotonneux quand il est trop mûr. Arbre vigoureux et fertile, se contentant de toutes les expositions, moins celle du nord.

PÊCHE, fruit gros, aplati, jaune orange coloré de rouge, excellent. Arbre vigoureux et fertile. Exposition de l'est et de l'ouest.

Septembre

POURRET, fruit gros, arrondi, excellent. Arbre fertile et vigoureux. Exposition de l'est et de l'ouest.

VERSAILLES, fruit gros, jaune pâle, de bonne qualité. Arbre fertile et très-vigoureux. Exposition du sud-est et du sud-ouest.

BEAUGÉ, fruit gros, arrondi, jaune clair, excellent. Arbre de vigueur moyenne. Exposition du sud et du sud-est.

L'abricotier, fleurissant avant le pêcher et étant par conséquent plus exposé aux intempéries du printemps, exige des abris aussi complets. Une question d'économie m'a fait restreindre cet arbre à une forme, parce qu'il profite des abris des pêchers, et ne nécessite pas l'achat de toile.

Les abricotiers sont abrités sans dépense aucune en cordons unilatéraux à deux rangs superposés, bordant les plates-bandes d'espaliers de pêchers, toujours exposées au midi, à l'est, au sud-est ou au sud-ouest, expositions d'autant meilleures pour les abricotiers qu'ils profitent encore de la chaleur répercutée par le mur. Dans ce cas, les toiles des pêchers sont attachées sur un fil de fer provisoire, placé au milieu de l'allée, et abritant complètement les abricotiers sans dépense aucune.

Dans le cas où il n'y aurait pas assez de plates-bandes de pêchers pour planter les abricotiers nécessaires dans le jardin fruitier, on en planterait une ligne en palmettes alternes Gressent, en plein vent, ou la moitié de la ligne de palmettes alternes si elle était trop longue, en mêlant les abricotiers à des pruniers. Ces deux espèces se greffent parfaitement l'une sur l'autre; mais dans ce cas, il faudra installer un appareil spécial d'abris pour les abricotiers; un chaperon mobile en paille ou en carton bitumé, et une toile descendant jusqu'à 80 centimètres au-dessus du sol.

L'abricotier se greffe sur quatre sujets : sur prunier, sur abricotier franc, sur amandier et sur épine noire.

Le prunier est le sujet le plus communément employé; il demande un sol de consistance moyenne, un peu calcaire et exempt d'humidité.

L'abricotier franc donne lieu à des arbres moins vigoureux que le prunier, il demande à peu près le même sol, et serait préférable au prunier, pour le jardin fruitier, mais la difficulté de se procurer des noyaux en quantité suffisante a rendu ce sujet très rare.

L'amandier produit des arbres assez vigoureux, précieux pour les sols caillouteux et ceux exposés à la sécheresse, où le prunier donnerait de mauvais résultats.

Enfin l'épine noire donne lieu à des arbres faibles, mais elle pousse partout et quand même, jusque dans les sols qui refusent toute végétation au prunier et à l'amandier. L'épine noire, si l'on pouvait s'en procurer en assez grande quantité, serait le sujet préférable à tous pour les abricotiers en cordons. Toutes choses égales d'ailleurs, elle donnerait des fruits plus gros que tous les autres sujets, en raison du peu de vigueur de l'arbre.

On emploiera les moyens indiqués précédemment pour former la charpente des arbres, en se souvenant toutefois que l'abricotier végète d'une manière diamètralement opposée au pêcher; il a toujours tendance à s'emporter par le bas et à se dégarnir du haut. En outre, il ne faudra jamais oublier, en taillant l'abricotier, que c'est l'arbre le plus sujet à la gomme; il faut donc ne le tailler qu'avec des instruments très-tranchants, et couvrir toutes les plaies un peu grandes avec du mastic à greffer.

Dans la plantation comme dans les fumures annuelles, il faudra aussi mélanger un peu de calcaire aux engrais. La même addition de calcaire est nécessaire pour toutes les espèces à noyaux indistinctement.

Les rameaux à fruits de l'abricotier, comme ceux de tous les fruits à noyaux, sont formés l'année précédente, et ne fructifient qu'une fois. Il faut donc, comme pour le pêcher, obtenir de nouveaux rameaux à fruits tous les ans, et couper ceux qui ont fructifié. En outre, les fruits de l'abricotier, comme ceux de toutes les autres espèces, devront être obtenus très-près de la branche mère, sur des onglets très-courts, afin de permettre à la sève d'y arriver en abondance et sans obstacles.

Cela est facile, en employant les moyens suivants : Prenons pour exemple un abricotier d'un an, sortant de la pépinière, déplanté et replanté avec toutes ses racines. Cet arbre est destiné à faire un cordon vertical; par conséquent, il doit être garni de rameaux à fruits de la base au sommet, et ces rameaux à fruits doivent être obtenus dans les conditions que j'ai indiquées.

Cet arbre est comme il est venu dans la pépinière, où il n'a reçu aucun soin. Il s'agit de convertir les rameaux vigoureux comme les faibles en rameaux à fruits.

Les rameaux de vigueur moyenne, seront cassés à 6 centimètres de longueur ; les rameaux trop vigoureux pour être cassés, la gomme s'y mettrait, seront coupés à 1 centimètre environ ; tous les autres rameaux faibles et de vigueur moyenne seront cassés, les faibles à 5 centimètres, ceux de vigueur moyenne à 6.

L'abricotier ayant toujours tendance à produire des gourmands à la base, le prolongement, placé verticalement, sera taillé très-long, pour attirer la sève au sommet de l'arbre, et la répartir dans une grande étendue de tige, moyen infaillible d'éviter les gourmands à la base.

Pendant l'été suivant, il se développera un ou deux bourgeons à l'extrémité des rameaux cassés à 6 centimètres. Ces bourgeons seront pincés à 7 ou 8 centimètres, suivant leur vigueur. Si, pendant le cours de la végétation, les bourgeons devenaient trop vigoureux, et que les yeux de la base menacent de s'éteindre, il faudra tailler le rameau primitif sur le second bourgeon et pincer ce bourgeon à 5 ou 6 centimètres. A la fin de l'année, les yeux de la base se seront développés en petits dards longs de quelques millimètres et portant tous une quantité de fleurs. Au printemps, on taillera ces rameaux très-courts sur quelques fleurs, les yeux latents de la base fourniront à leur tour des dards pour l'année d'après, et le rameau primitif sera enlevé lorsqu'il aura fructifié.

Tous les rameaux faibles et de vigueur moyenne qui ont été soumis au cassement à 4 et 5 centimètres subiront le même traitement, et donneront les mêmes résultats.

Les rameaux, très-vigoureux, qui ont été taillés à un centimètre, développeront quatre ou cinq bourgeons ; ces bourgeons seront pincés à 4 centimètres environ ;

les bourgeons anticipés qui naîtront à l'aisselle des feuilles des bourgeons pincés le seront à une feuille. Vers le mois de juillet, on verra plusieurs yeux percer le vieux bois à l'empatement des rameaux ; on supprimera tous les bourgeons, excepté deux, de vigueur moyenne, qu'on laissera allonger jusqu'à 25 centimètres ; s'ils dépassaient 30 centimètres, on en casserait 10 centimètres environ. Ces bourgeons sont destinés à absorber l'excédant de sève, mais ils ne doivent jamais être convertis en gourmands ; si l'excédant de sève a été bien dépensé par les bourgeons, les yeux situés sur le talon s'allongeront de quelques millimètres seulement, et produiront autant de petits dards couverts de fleurs.

Les yeux du haut se développeront naturellement, par l'effet de la taille longue appliquée à la tige, en dards couverts de fleurs, et longs de 1 à 5 centimètres. Les plus courts, même ceux qui n'auront qu'un centimètre de long, seront taillés. On enlèvera seulement l'œil qui les termine. Si on laissait cet œil, il produirait un bourgeon vigoureux, et ferait éteindre les yeux de la base, qui doivent fournir des dards pour l'année suivante.

Les dards qui auront 2 centimètres et plus seront taillés sur les fleurs les plus rapprochées de la base ; on conservera seulement un onglet de 15 millimètres environ. Cet onglet portera huit ou dix fleurs ; le seul fruit qui sera conservé deviendra magnifique.

Les bourgeons qui naîtront sur la tige seront pincés à 4 ou 5 centimètres suivant leur vigueur ; il naîtra un bourgeon anticipé à l'extrémité du bourgeon pincé ; ce nouveau bourgeon sera pincé lorsqu'il aura atteint la longueur de 10 centimètres. Ces deux opérations suffisent dans la majorité des cas ; lorsqu'il vient un troisième bourgeon, on casse le second à 10 centimètres de la branche mère, et le printemps suivant on taille sur les fleurs les plus rapprochées de la base.

Quand il se développe un bourgeon très-gros, destiné à produire un gourmand, on le pince à deux feuilles, afin d'arrêter la végétation au point de départ, et de diviser l'action de la sève en deux. Quelque temps après, il se développe deux bourgeons anticipés, que l'on pince à 5 centimètres ; puis, lorsque les troisièmes bourgeons ont atteint la longueur de 10 à 15 centimètres, il est rare qu'il ne se montre pas quelques rudiments d'yeux à la base du premier bourgeon. Alors on coupe le plus vigoureux des deux bourgeons à la base, et l'on casse le second à 10 centimètres de longueur. Les yeux situés sur l'empatement produisent des dards couverts de fleurs au printemps, on enlève entièrement le rameau, et l'on taille sur les dards.

PRUNIER.

Le prunier peut être soumis à toutes les formes. On doit toujours le placer, sinon à l'espalier, au moins à l'exposition la plus chaude du jardin fruitier. Quand on veut obtenir une quantité de magnifiques prunes, il faut leur consacrer une partie de mur au sud, sud-est ou sud-ouest. On plante un peu de toutes les variétés en cordons obliques ou en cordons verticaux ; cela demande peu de place, et l'on obtient toujours des fruits délicieux, faisant l'admiration de tout le monde. Mais souvent l'étendue des murs dont on dispose est à peine suffisante pour les pêchers, la vigne et les variétés de poires qui ne viennent qu'à l'espalier ; alors il faut planter les pruniers en plein vent, et en choisissant bien les expositions on obtient encore des produits presque égaux à ceux de l'espalier.

Les meilleures variétés de prunes, sont pour les mois de :

Juillet.

MONTFORT, fruit gros, ovale, violet, de bonne qualité. Arbre fertile et vigoureux pour toutes formes. Exposition du sud, sud-est et sud-ouest.

Août.

MONSIEUR, fruit gros, rond, très-beau, violet, excellent de qualité. Arbre vigoureux et fertile, bon pour toutes les formes. Exposition de l'est à l'espalier, du sud-est et du sud-ouest en plein vent. La prune de Monsieur acquiert une qualité et un volume remarquables à l'espalier, surtout dans les terres un peu légères.

REINE-CLAUDE, fruit très-gros à l'espalier, moyen en plein vent, vert et jaune, taché de rouge. La meilleure de toutes les prunes. Arbre vigoureux et très-fertile, propre à toutes les formes d'espalier et de plein vent, à l'exposition du sud, sud-est et sud-ouest. Cette variété fait de très-beaux vases.

REINE-CLAUDE VICTORIA, fruit très-gros, d'excellente qualité. Arbre très-fertile et de vigueur moyenne, pour les formes moyennes, à l'exposition de l'est et de l'ouest.

PONDS SEEDLING, fruit magnifique, couleur pourpre, et d'excellente qualité. Arbre assez fertile et de vigueur moyenne pour formes moyennes. Exposition de l'est et de l'ouest.

JEFFERSON, fruit très-gros, jaune rouge, ovale, d'excellente qualité. Arbre fertile et vigoureux, bon pour toutes les formes, et surtout pour vases. Exposition du sud-est, sud-ouest, de l'est et de l'ouest.

Septembre.

KIRH'ÈS, fruit énorme, violet bleu, excellent. Arbre fertile et très-vigoureux, propre aux plus grandes formes. Cet arbre peut être utilisé à l'espalier et en plein vent comme porte-greffe. Il fournit très-vite une excellente charpente, et il est toujours avantageux, lorsque le bas de l'arbre est bien établi, de greffer le haut en variétés moins vigoureuses, cela fait gagner beaucoup de temps et augmente sensiblement le produit.

REINE-CLAUDE de BAVAY, fruit magnifique, ressemblant à la reine-claude, en ayant la qualité, mais beaucoup plus gros. Cette prune a été déclarée mauvaise, elle l'est en effet quand on ne sait pas la faire mûrir et qu'on n'a pas la patience de l'attendre.

La reine-claude de Bavay doit être cueillie à maturité complète et conservée au moins quinze jours au fruitier; elle peut s'y garder un mois. Dans ces conditions, elle égale la reine-claude en qualité, mûrit fin septembre et peut se garder jusqu'en octobre.

Arbre fertile, de vigueur moyenne, très-rustique, propre à toutes les formes, et venant à toutes les expositions.

Coé GOLDEN DROP, fruit très-gros, ovale, jaune, piqué de rouge, excellent. Arbre de vigueur moyenne, assez fertile, pour formes moyennes. Exposition de l'est et de l'ouest.

Octobre.

WAGHINSTON, fruit très-gros, globuleux, jaune verdâtre, coloré de rouge, excellent. Arbre fertile et très-vigoureux, propre aux plus grandes formes d'espalier et plein vent, très-bon pour vases. Exposition du sud-est et du sud-ouest, de l'est et de l'ouest.

Novembre.

SAINT-MARTIN, fruit violet moyen, de qualité passable. Son plus grand mérite est sa tardivité. Ce fruit se conserve quelquefois au fruitier jusqu'en décembre, époque où il est très-recherché pour les desserts. Arbre de vigueur moyenne, formes petites et moyennes, à l'exposition de l'est et de l'ouest. Le principal mérite de ce fruit étant sa maturité tardive, on pourra en placer un ou deux arbres au nord-est et au nord-ouest, et même au nord, pour en retarder encore la maturité.

TAILLE.

On emploiera pour la formation de la charpente du prunier les moyens indiqués pour le poirier. Les variétés les plus vigoureuses pourront être soumises à diverses formes.

On obtient les rameaux à fruit du prunier par les mêmes moyens que ceux de l'abricotier, mais avec cette différence que le prunier étant moins sujet à la gomme, on peut se servir plus souvent des cassements, moyen très-prompt et très-énergique pour faire naître des fleurs à la base des rameaux.

CERISIER.

Il n'existe pas d'arbre plus fertile que le cerisier; il n'en est pas non plus de plus facile à conduire et de plus complaisant pour se plier à toutes les formes qu'on veut lui imposer.

Le cerisier s'accommode non-seulement de toutes les formes, mais encore de toutes les expositions, de quelque manière qu'on le place, et partout où on le mette, il donne des fruits en abondance, et surtout des fruits magnifiques quand on se donne la peine de le tailler. Cet arbre peut être soumis à toutes les formes d'espalier et de plein vent, sans exception; on n'a qu'à choisir des variétés dont la vigueur est en harmonie avec le développement qu'on veut leur donner.

Commençons par examiner les variétés qui doivent être introduites dans le jardin fruitier, celles dont les fruits ont une grande valeur sur le marché.

VARIÉTÉS MURISSANT PENDANT LE MOIS DE :

Mai.

ANGLAISE HATIVE, fruit gros, arrondi, rouge foncé excellent de qualité. Arbre fertile et très-vigoureux propre aux plus grandes formes d'espalier et de plein vent. La cerise anglaise hâtive est très-douce; ses fruits sont mangeables le 15 mai; quand elle est placée en espalier au midi, à l'est ou à l'ouest, elle donne des fruits excellents jusqu'à la fin de juin.

Juin.

IMPÉRATRICE-EUGÉNIE. Fruit gros, rouge foncé, légèrement acidulé, très-parfumé. C'est une des meilleures cerises douces et une des plus précoces, tenant une place très-honorable dans le jardin fruitier. Arbre vigoureux et fertile, propre à toutes les formes, à l'exposition de l'est et de l'ouest.

MONTMORENCY A LONGUE QUEUE, fruit gros, excellent, une des meilleures cerises acides. Arbre très-fertile, de vigueur moyenne, bon pour cordons unilatéraux, palmettes alternes et formes moyennes de plein vent à toutes les expositions.

Juillet.

ROYALE, fruit très-gros, rouge vif, d'excellente qualité. Arbre de vigueur moyenne, excellent pour cordons unilatéraux et formes moyennes à l'ouest, au nord-est et au nord-ouest.

DOWNTON, joli et excellent bigarreau, le seul qui mérite d'être introduit dans le jardin fruitier. Fruit gros, rose foncé, excellent. Arbre vigoureux et très-fertile, propre aux plus grandes formes de plein vent, précieux en palmettes alternes à côté d'un arbre faible. Exposition de l'est et de l'ouest.

REINE-HORTENSE, fruit très-gros, rouge vif, d'assez bonne qualité. C'est une des plus grosses cerises ; elle est très-recherchée pour son volume. Arbre peu fertile, mais très-vigoureux, propre aux plus grandes formes de plein vent aux expositions de l'est et de l'ouest.

MONTMORENCY COURTE-QUEUE, la plus belle et la meilleure des cerises acides. Il n'y en a jamais assez dans le jardin fruitier. Le fruit très-gros et d'un rouge vif est d'une qualité remarquable ; l'arbre très-fertile, est peu vigoureux ; il donne les meilleurs résultats en cordons unilatéraux et en palmettes alternes Gressent, entre deux arbres vigoureux, à l'exposition de l'est ou de l'ouest.

BELLE DE CHOISY, la meilleure de toutes les cerises; fruit gros, rouge foncé, très-parfumé et d'une saveur très-agréable. Arbre vigoureux et très-fertile, propre à toutes les formes sans exception, exposition de l'est et de l'ouest.

BELLE DE SCEAUX, fruit très-gros, rouge vif, de qualité supérieure. Arbre vigoureux et fertile, toujours trop rare dans le jardin fruitier, propre à toutes les formes de plein vent. Exposition de l'est et de l'ouest.

ADMIRABLE DE SOISSONS, variété très-remarquable, fruit

très-gros, rouge vif, de qualité supérieure. Arbre de vigueur moyenne, très-fertile, bon pour toutes les formes. Exposition de l'est et de l'ouest.

PLANCHOURY, fruit superbe et excellent, rouge vif. Arbre très-fertile et de vigueur moyenne, propre aux formes moyennes de plein vent, excellent pour cordons unilatéraux et pour palmettes alternes Gressent. Exposition de l'est et de l'ouest.

BELLE MAGNIFIQUE, superbe variété, fruit excellent. Arbre vigoureux et fertile, bon pour toutes les formes, à toutes les expositions.

Septembre.

DUCHESSE DE PALLUAU, fruit très-gros, rouge foncé, d'une qualité supérieure. L'arbre, très-vigoureux, est d'une fertilité remarquable et propre à toutes les grandes formes de plein vent. Cette excellente variété est aussi précieuse par la rare beauté et la bonté de son fruit que par sa prodigieuse fertilité.

Octobre.

CERISE DU NORD, fruit très-gros, rouge foncé, un peu acide, mais excellent quand il est très-mûr ; le meilleur de tous pour les confitures et les cerises à l'eau-de-vie. Cette excellente variété n'a que le défaut de n'être pas assez connue. L'arbre, de vigueur moyenne, est très-fertile et peut être soumis à toutes les formes, à toutes les expositions, même à celle du nord en espalier.

MORELLO DE CHARMEUX, fruit gros, rouge vif, de bonne qualité. Arbre assez fertile et vigoureux, propre à toutes les formes moyennes de plein vent. Exposition de l'est, de l'ouest, du nord-est et du nord-ouest et même du nord, en espalier.

CULTURE.

Le cerisier se greffe sur trois sujets : sur merisier, sur prunier de Sainte-Lucie et sur cerisier franc. Ces trois sujets viennent dans les mêmes sols ; le choix à faire entre eux est plutôt subordonné aux formes qu'on veut leur donner qu'à la nature du sol. Le cerisier, je l'ai dit déjà, est l'arbre le moins difficile sur la nature du sol ; il pousse et donne des fruits partout où les autres espèces ne peu-vent vivre. Il ne redoute que les sols argileux ; il pros-père dans les sols siliceux, et donne de bons résultats dans les sols essentiellement calcaires, où toutes les es-pèces à noyau finissent par périr.

Le merisier produit des arbres vigoureux ; il est spé-cialement employé pour greffer les cerisiers à haute tige qu'on plante dans les vergers ; il pourra cependant être employé exceptionnellement dans le jardin fruitier pour les plus grandes formes.

Le prunier de Sainte-Lucie donne lieu à des arbres moins vigoureux, mais ce sujet croît naturellement dans les sols calcaires ; il est préférable dans les sols médiocres. Ensuite, étant moins vigoureux que le merisier, il pro-duit des fruits plus gros et des arbres plus fertiles, sur-tout pour les formes moyennes. C'est le sujet le plus communément employé et le préférable pour le jardin fruitier.

Le cerisier franc donne lieu à des arbres de vigueur moyenne ; il serait préférable au merisier et au prunier de Sainte-Lucie pour les grandes formes, mais ce sujet n'étant pas régulièrement cultivé en pépinière, on a dû y renoncer malgré ses qualités.

TAILLE.

Le cerisier, soumis à n'importe quelle forme, se traite par les moyens que nous avons indiqués pour le poirier, et, comme tous les fruits à noyaux, il exige dans le sol, une certaine proportion de calcaire qu'il est toujours fa-cile d'ajouter aux engrais.

Les rameaux à fruit s'obtiennent à peu de chose près comme ceux du prunier, mais avec cette différence que le cerisier poussant très-vigoureusement, doit être pincé plus sévèrement, surtout lorsqu'il est soumis à la forme en cordons unilatéraux, celle qui, toutes choses égales d'ailleurs, donne les plus beaux fruits.

DIXIÈME LEÇON.

—

VIGNE.

La vigne doit occuper une large place dans le jardin fruitier, afin de fournir une abondante provision de raisins non-seulement pendant la saison, mais encore pour une partie de l'hiver.

Depuis le nord de Paris jusqu'à la Loire, la vigne ne devra être cultivée qu'en espalier contre des murs à l'est, au sud-est et au sud-ouest, et exceptionnellement en cordons, bordant des plates-bandes d'espalier au midi, et encore ne faudra-t-il cultiver dans ces conditions qu'un très-petit nombre de variétés, pour être assuré de récolter une quantité égale de raisins, et de raisins mûrs, tous les ans.

Les seules variétés de raisins que je cultive, depuis le nord de Paris jusqu'à la Loire, sont :

MADELEINE, raisin blanc de qualité passable, mais dont le principal mérite est la précocité ; il mûrit dans la seconde quinzaine de juillet. Il faut en être très-sobre dans le jardin fruitier et ne le planter qu'en espalier à l'exposition du midi, pour obtenir des fruits de très-bonne heure.

CHASSELAS DE THOMERY. Cette variété est le fond de la plantation du jardin fruitier. Le fruit est excellent, ses grains peu serrés, et ses grappes de moyenne grosseur mûrissent toujours bien ; s'il entre cent pied de vigne dans le jardin fruitier, on doit planter ou moins quatre-vingts pieds de chasselas de Thomery. Il mûrit vers le 10 septembre, et peut se garder au fruitier jusqu'en mars.

CHASSELAS ROSE, excellent raisin, très-recherché pour son coloris, en ce qu'il fait diversité dans les desserts.

FRANKENTAL, raisin noir magnifique, grappes très-grosses, grains énormes, très-recherché pour les desserts, dont il est un des plus beaux ornements. De plus, ce raisin est tellement doux qu'il est toujours mangeable, même à moitié mûr; espalier, à l'exposition du midi.

MUSCAT D'ALEXANDRIE, le seul que l'on puisse cultiver avec quelques chances de succès en pleine terre, et encore en le plaçant en espalier à l'exposition du midi; on ne doit compter récolter des raisins parfaitement mûrs que tous les deux ou trois ans.

Le muscat est un excellent raisin, mais il faut en être très-sobre dans le jardin fruitier, en planter deux ou trois pieds au plus; car, je ne saurais trop le répéter, il n'y a pas de produit plus inconstant que celui-là.

CULTURE.

La vigne n'est pas très-difficile sur la qualité du sol, mais elle redoute par-dessus tout l'humidité, Il lui faut des sols légers, perméables, exempts d'humidité et un peu calcaires. Plus l'exposition sera froide et plus on se rapprochera du nord, plus le sol devra être léger, perméable et exempt d'humidité.

Un mot sur la multiplication de la vigne est nécessaire.

La vigne se reproduit toujours par marcottes; on laisse sur une souche de vignes des bourgeons vigoureux, et l'année suivante on couche les sarments en terre, on relève l'extrémité et l'on taille sur un ou deux yeux hors de terre; l'année d'après, il pousse un ou plusieurs bourgeons vigoureux; le cambium élaboré par les feuilles de ces bourgeons, fait pression sur les yeux de la partie enterrée et y détermine une émission de racines. L'hiver suivant, on sèvre la marcotte, c'est-à-dire qu'on la coupe, on l'arrache et on la livre au commerce. C'est ce qu'on appelle une marcotte à racine nue, et ce qu'on plante la plupart du temps.

Ces marcottes reprennent incontestablement, mais elles font attendre leurs premiers fruits plusieurs années, trois ans au moins, temps nécessaire pour former un bon appareil de racines, qui leur permette de pousser vigoureusement.

Des pépiniéristes éclairés marcottent la vigne par les mêmes procédés, mais avec cette différence qu'au lieu de coucher le sarment en pleine terre, ils le placent au milieu d'un panier rempli de terreau et enterré à cet effet. Après avoir sevré la marcotte, on retire le panier de terre et on l'expédie.

Le terreau ayant fourni une nourriture très-abondante aux jeunes racines, elles ont atteint de grandes proportions, et se sont fait jour à travers les interstices de l'osier. Une marcotte faite dans ces conditions a le double de racines ; le panier étant replacé en terre, les principales racines ne sont pas exposées au contact de l'air. L'effet de la déplantation est nul sur les vignes en panier, aussi poussent-elles vigoureusement, et donnent-elles toujours des fruits la première année après la plantation.

Avant de nous occuper de la plantation de la vigne, une courte explication sur la nature des engrais à lui donner est nécessaire. L'expérience a prouvé de la manière la plus positive que les engrais azotés, appliqués à la vigne, produisaient beaucoup de bois, du bois très-vigoureux, et peu ou point de fruits ; tandis que les silicates de potasse, mêlés à des détritus végétaux produisaient l'effet contraire, peu de bois, mais une grande quantité de fruits très-savoureux. Le résultat de ces expériences, dues à M. Persoz, nous donne la clef de la fumure de la vigne.

Lorsque nous planterons de la vigne, nous fumerons abondamment avec des engrais azotés : déchets de laine en première ligne, ou des engrais animaux à leur défaut, afin d'obtenir très-promptement une charpente vigoureuse et un volumineux appareil de racines. Quand la charpente sera établie, nous nous servirons des silicates de potasse mélangés à des détritus végétaux pour faciliter la production des fruits.

Si les vignes sont pourvues d'une charpente très-vigoureuse, nous leur donnerons comme fumure des feuilles décomposées, ou du sarment coupé menu, mêlé à des platras réduits en poudre, des vieux mortiers de chaux, ou à des cendres de charbon ou de houille. Dans le cas où les vignes auraient produit beaucoup de fruit, il serait bon de mêler aux platras, au vieux mortier ou aux cendres, une certaine quantité de fumier d'écurie, ou des composts dont j'ai indiqué la fabrication.

La racine de la vigne, comme celle de tous les autres arbres, doit être proportionnée à la tige. Quand la racine est trop longue, il en périt toujours une grande partie. L'expérience a prouvé qu'une racine de 80 centimètres de longueur était suffisante pour nourrir une vigne d'un assez grand développement. Lorsqu'elle est plus longue, l'extrémité pourrit au grand détriment de la vigne. En conséquence, nous procéderons ainsi à la plantation de la vigne :

Pour l'espalier, on fera un trou de 40 centimètres cubes, à 40 centimètres en avant du mur ; on mettra environ 10 centimètres d'épaisseur de l'engrais dont on disposera, au fond du trou, et on le mélangera bien avec la terre du fond. On placera ensuite le panier de vigne, au fond, en ayant soin de piquer le talon de la marcotte qui sort toujours du panier, un peu inclinée en bas, dans le talus du trou; on répandra de l'engrais tout autour du panier, et l'on étalera bien toutes les racines qui en sortent; on mettra un peu de terre mélangée d'engrais en avant du panier, puis on couchera le sarment de 15 centimètres et on le fixera solidement en terre avec un crochet en bois ; l'extrémité sera taillée sur un œil, en ayant la précaution d'en conserver un au niveau du sol, puis on recomblera le trou, en ayant soin de mélanger la terre avec de l'engrais. La terre devra toujours être défoncée à 80 centimètres au moins avant de procéder à la plantation.

L'année suivante, le bout de la marcotte piqué en terre

aura produit des racines. Le panier sera entièrement pourri, et les racines qu'il contenait seront étendues de tous côtés ; la partie couchée aura produit aussi des racines. Si la tige est très-vigoureuse on procédera au second couchage en faisant un trou de 40 centimètres jusqu'au mur ; on découvrira les nouvelles racines avec la plus grande précaution, et de manière à ne pas les endommager, puis on couchera la tige, en mêlant la terre avec les engrais comme pour la plantation, et l'on taillera sur le troisième œil, au-dessus du sol.

L'année suivante, la racine sera longue de 80 centimètres, et couverte de radicelles vigoureuses de la base au sommet. Une vigne ainsi plantée et enracinée peut produire des raisins en abondance pendant cinquante ans.

Si la tige n'était pas assez vigoureuse pour opérer le second couchage la deuxième année, il faudrait la rabattre et attendre à la troisième. J'ai dit qu'à la plantation comme au couchage, il fallait tailler sur le premier œil hors de terre, et en réserver un rez du sol. Cet œil est pour pourvoir aux accidents ; dans le cas où celui sur lequel on a taillé ne se développerait pas, on formerait la tige avec celui-là.

La plantation de la vigne pour cordons, au bord des plates-bandes d'espalier au midi, se fera, comme je viens de l'indiquer, avec cette différence que le panier sera posé en sens opposé, la tige devant venir au bord de la plate-bande au lieu de s'appliquer contre le mur.

Je n'adopte que trois formes pour la vigne ; l'expérience m'a prouvé que c'étaient les meilleures et les plus fertiles ; je les ai adoptées à l'exclusion de toutes autres, ce sont :

1° Les CORDONS CHARMEUX, à coursons opposées pour les murs de toutes les hauteurs ;

2° LA FORME EN SERPENTEAU, due à un jardinier des environs de Dieppe, nommé *Gourdain*. Cette forme est excellente, facile à exécuter, et donne d'abondants produits sur les murs de 2 mètres à 2 mètres 50 d'élévation ;

3° Les CORDONS DE VIGNE GRESSENT, pour placer au bord des plates-bandes d'espalier au midi.

CORDONS CHARMEUX A COURSONS OPPOSÉS. Cette forme, assez nouvelle, est la plus productive ; elle est due à M. R. Charmeux, l'arboriculteur le plus distingué de Thoméry. Les cordons à coursons opposées sont, certes, une des plus importantes innovations de notre époque ; ils remplacent toutes les autres formes avec avantage.

Ces cordons sont longs à former ; ils demandent non-seulement une longue description, mais encore de nombreuses figures que le prix de cet ouvrage ne me permet d'y intercaller. Je renvoie donc pour les cordons à coursons opposés le lecteur à *l'arboriculture fruitière* où ils sont longuement expliqués et accompagnés de toutes les figures nécessaires.

LA FORME EN SERPENTAUX est moins longue à obtenir ; elle est aussi plus facile, et par conséquent plus à la portée de tous, elle donne d'excellents résultats et des produits très-abondants ; mais les vignes seront de moins longue durée. La vigne en serpentaux est incontestablement une des meilleures formes pour les murs de hauteur moyenne.

On plante les vignes avec les soins que j'ai indiqués, à 1 mètre 20 centimètres de distance. On partage cette largeur de 1 mètre 20 centimètres destiné à être occupée par la vigne, en trois parties égales de 40 centimètres chacune. Les trois divisions faites avec des lattes de sciage ; on dessine un serpenteau bien égal, avec un gros fil de fer ou un osier dans celle du milieu.

Lorsque la vigne est arrivée contre le mur on la taille à trois yeux. Les deux latéreaux produisent des bourgeons qui donnent des raisins ; celui du haut fournit le prolongement. Ce prolongement taillé à 50 centimètres environ, le printemps suivant, est palissé sur le serpenteau. On a le soin de tailler sur un œil au-dessus, un second prolongement vigoureux, que l'on palisse au fur et à mesure sur le serpenteau, pour l'empêcher de s'emporter, et distribuer également la sève dans les ramifications de la base.

Pendant l'été, les bourgeons se développent ; on palisse et on les pince à 40 centimètres ; ils fourniront des coursons pour l'année suivante, et ainsi de suite, jusqu'à ce que le serpenteau soit couvert jusqu'en haut du mur, et les coursons formés de la base au sommet.

Le sarment qui est placé au milieu de la cavité du serpenteau, est taillé sur trois ou quatre yeux. Ce sarment, en raison de cette taille longue, produira toujours une quantité de fort belles grappes de raisin. On conservera un bourgeon de remplacement à la base, et chaque année on le taillera sur trois ou quatre yeux pour remplacer celui qui aura fructifié. Dans aucun cas, les bourgeons ne doivent dépasser les lattes, ils ont 40 centimètres pour s'étendre ; c'est suffisant.

Cette forme couvre vite le mur ; elle le couvre complètement, et elle produit beaucoup, un peu moins que les coursons opposés ; mais la différence n'est pas très-sensible, et le temps qu'elle fait gagner me la fait souvent préférer dans mes jardins fruitiers.

Les CORDONS DE VIGNE GRESSENT sont assez vite formés, et ils produisent beaucoup. On les établit à un ou à deux rangs, suivant la largeur de la plate-bande d'espalier.

Les cordons à un rang ont une élévation de 80 centimètres, et peuvent être placés au bord des plates-bandes de 1 mètre 50 centimètres de large.

Les cordons à deux rangs ont une élévation de 1 mètre 20 centimètres ; ils se placent au bord des plates-bandes de 2 mètres de large.

L'usage établi est de faire les cordons de vigne sur deux bras, comme l'ancienne treille de Thomery. Cette forme offre d'immenses inconvénients ; souvent les bras sont trop longs ; dans ce cas, ils ne produisent de fruits qu'à la base et à l'extrémité. Deux bras sont ensuite plus difficiles à équilibrer qu'un seul, et il en résulte souvent des vides dans la plantation. Frappé de ces inconvénients, j'ai planté les vignes à un mètre de distance, pour les cordons à un rang ; je les ai élevées sur une seule tige, que je couche sur le premier fil de fer placé à 40 centimètres du sol, et lorsqu'elles se rejoignent, je les greffe par approche les unes sur les autres. La greffe par approche a pour effet d'égaliser la végétation et d'éviter les vides. Je forme ensuite des coursons sur toute la longueur, et je palisse les bourgeons dans un angle de 45 degrés.

Pour les cordons à deux rangs, je plante les vignes à 50 centimètres, je couche le premier rang à 40 centimètres du sol, et le second à quatre-vingts, puis je palisse les bourgeons de chaque étage en sens inverse.

La plantation des cordons de vigne demande les mêmes soins que celle de l'espalier; elle se fait comme je l'ai indiqué précédemment. En moins de quatre ans, ces cordons sont formés et produisent d'abondantes récoltes. Ils donneraient plus de fruits en coursons opposés, mais la question de temps est assez à considérer pour me faire passer outre dans ce cas.

RAMEAUX A FRUITS.

Les fruits de la vigne viennent sur des bourgeons produits par des sarments nés l'année précédente; plus on taille long, plus le bourgeon de l'extrémité, le plus éloigné de la base, porte de fruits. Il faut concilier dans la taille les exigences de ce mode de fructification propre à la vigne, avec la conservation des coursons, qui ne doivent jamais s'allonger. On obtient assez de fruits, et l'on conserve parfaitement les coursons en taillant ainsi : les chasselas et la madeleine sur un œil, les muscats sur trois yeux, et le frankental sur quatre.

Commençons par les chasselas qui se taillent sur un œil, mais sur un bon œil, gros, bien formé, et non sur un œil avorté, comme cela a lieu souvent : dans ce cas, la taille ne produit pas de fruits.

Supposons, un bourgeon né l'année précédente et destiné à faire un courson; il y a deux conditions à remplir : obtenir des fruits et un bourgeon le plus près possible du vieux bois, bourgeon destiné à produire des fruits l'année suivante, et devant être placé de façon à nous permettre de raccourcir constamment le talon du courson, au lieu de l'allonger.

Nous taillerons sur le troisième œil avec la certitude de lui voir produire un bourgeon très-fertile. C'est le

premier bien développé, nous n'aurions pas de fruit, si
nous avions taillé sur le second qui n'est pas bien développé, nous en serions encore privés si la section était
faite trop près de l'œil, il périrait infailliblement. L'œil
du milieu sera éborgné, et celui de la base fournira le
remplacement pour l'année suivante.

L'année suivante, on taillera sur le sarment fourni par
l'œil de la base, et ce sarment sera taillé, comme nous
venons de le faire pour celui qui aura fructifié à cette
époque.

Pour les muscats qui se taillent à trois yeux, on opère
ainsi, afin de ne pas laisser allonger les coursons. Dès
que la végétation s'éveille, on éborgne les yeux du milieu,
et l'on en conserve seulement deux, l'œil le plus éloigné
pour produire des fruits, et celui de la base pour fournir
le bois de remplacement. En ébourgeonnant ainsi, les
coursons du muscat, et même du Frankental, qu'on taille
sur quatre yeux, ne s'allongent pas plus que ceux des
chasselas.

On laisse presque toujours deux bourgeons sur les
coursons, un à l'extrémité pour produire des fruits, l'autre
à la base pour fournir le bois de remplacement. Il est cependant deux cas exceptionnels dans lesquels on n'en
laisse qu'un : celui dans lequel tous deux n'auraient pas
de fruits, et celui dans lequel ils en porteraient tous
deux.

Dans le premier cas, le bourgeon fructifère est inutile,
on taillera sur le bourgeon de la base, dans le second,
une trop grande quantité de fruits épuiserait la vigne ;
on taillera également sur le bourgeon le plus rapproché
du vieux bois. Ces deux cas sont exceptionnels.

La conservation, comme la fertilité de la vigne, dépendent en grande partie de l'ébourgeonnement. Si les vignes
étaient bien bourgeonnées, elles produiraient toujours de
très-beaux fruits, et ne se couvriraient jamais de ces
coursons aussi difformes que hideux à voir, qu'on rencontre sur toutes les vieilles vignes.

Dès que les yeux s'allongent et qu'ils ont atteint la longueur d'un centimètre, il faut impitoyablement casser
tous ceux qui ne servent à rien, et ne conserver que

les deux indispensables à la fructification et au remplacement.

Au fur et à mesure du développement des bourgeons conservés, il faut avoir soin d'enlever les vrilles qui emploient de la sève inutilement ; il faut également supprimer les bourgeons anticipés qui naissent à l'aisselle des feuilles du bourgeon qui porte les grappes, et de celui destiné à le remplacer. Le bourgeon fructifère ne doit porter que deux grappes de raisin et des feuilles ; celui de remplacement, que des feuilles. Tous les bourgeons anticipés qui se développent vivent aux dépens des fruits et de la fructification pour l'année suivante.

Dès que les deux bourgeons conservés ont atteint la longueur de 35 à 40 centimètres, il faut les soumettre au pincement ; ils ne doivent plus s'allonger ; si on leur laisse produire des bourgeons, soit à l'aisselle des feuilles, soit à l'extrémité, c'est au détriment de la récolte.

Chez la vigne, le fruit ne mûrit qu'avec le bois. Les raisins mûrissent difficilement sous notre climat ; c'est donc au cultivateur à hâter autant que possible sa végétation, pour lui faire mûrir à la fois ses bourgeons et ses fruits. Rien ne prolonge plus la végétation de la vigne, et ne retarde autant la maturité du raisin que la production incessante de ces longs bourgeons qui s'accrochent partout, étouffent tout, et ne font produire que du verjus à la vigne.

L'incision annulaire, appliquée à la vigne lors de l'épanouissement des fleurs, hâte la maturité du raisin de quinze jours à trois semaines ; elle empêche la coulure, si fréquente pendant les orages, et augmente d'un tiers environ le volume des fruits.

L'incision annulaire doit être pratiquée pendant l'épanouissement de la fleur, et être faite immédiatement au-dessous de son point d'attache.

Dès que les deux bourgeons conservés sur chaque courson ont acquis un peu de consistance, et qu'il est possible de les ployer un peu sans les casser, il faut les palisser avec du jonc. Le palissage est un puissant auxiliaire, pour arrêter le développement des bourgeons anticipés, et indépendamment de cet avantage il contribue

à hâter la maturité. Tous les bourgeons des coursons
doivent être palissés sévérement, dans un angle de 40 degrés environ.

Il est encore un moyen très-énergique pour hâter
la maturation du fruit et du bois, c'est la suppression de
quelques feuilles. Il faut que cette opération soit faite avec
discernement ; dans le cas contraire, le remède serait pis
que le mal. On opère ainsi :

Lorsque le raisin a atteint le volume qu'il doit acquérir,
on commence par supprimer les feuilles difformes et
celles qui sont trop près du mur. Quand il est tourné, on
supprime encore quelques feuilles autour des grappes,
sans cependant les découvrir, puis enfin, quand il est
presque mûr, on enlève les feuilles qui recouvrent les
grappes, afin de les colorer.

Il est une autre opération qui contribue également
à hâter la maturation et à augmenter la qualité des
fruits : c'est le cisellement. Il consiste à enlever,
avec des ciseaux pointus, l'extrémité des grappes. Les
grains du bout de la grappe ne mûrissent jamais, ils végètent toujours, retardent la maturation de la grappe,
et absorbent une portion de sève dépensée inutilement.

A Thomery, on enlève non-seulement l'extrémité de la
grappe, mais encore tous les grains avortés qui sont à
l'intérieur, grains à peine gros comme les plus petits
pois, et qui restent toujours verts. Ce sont des femmes
qui font ce travail, et le résultat est une augmentation notable dans la qualité et dans le volume des
raisins.

La vigne demande un abri constant, c'est le seul arbre
qui se trouve bien des chaperons à demeure. A Thomery,
les murs portent des chaperons en tuile de 30 centimètres
de saillie. Dans le cas où l'on ferait construire ou réparer
des murs, on pourra y ajouter des chaperons en tuile, de
30 centimètres de saillie, mais pour la vigne seulement.
Lorsqu'il n'y a pas de chaperons à demeure, il faut en
placer de mobiles, comme pour les autres espaliers, et
les laisser le plus longtemps possible.

Lorsqu'on taille la vigne, il faut toujours couper 15 millimètres au-dessus de l'œil ; quand on ne laisse pas l'onglet assez long, la mortalité descend jusqu'à l'œil, et la récolte peut être perdue.

Je termine ici ce petit livre : il contient tout ce qu'il est possible de faire entrer dans un cadre aussi restreint. Cet ouvrage renferme d'utiles enseignements pour les élèves des écoles, qui y puiseront de bons principes d'arboriculture, pour les cultivateurs et les jardiniers qui connaissent déjà la culture et la taille des arbres fruitiers. Il est trop incomplet pour les instituteurs qui veulent enseigner l'arboriculture et pour les propriétaires qui voudront créer des jardins fruitiers, et varier à l'infini les formes d'arbres; je les renvoie à l'*arboriculture fruitière en 26 leçons*, qui renferme de longues explications sur tout ce qu'on peut faire en arboriculture et 192 figures explicatives.

FIN.

TABLE DES MATIÈRES.

2e PARTIE. — CULTURES SPÉCIALES.

FIN DE LA TABLE.

Imp. CHENU, rue Croix-de-Bois, 21, à Orléans.

L'ARBORICULTURE

Fruitière

EN 26 LEÇONS,

TRAITÉ COMPLET DE LA CULTURE, DE LA TAILLE
ET DE LA RESTAURATION DES ARBRES FRUITIERS
DE TOUTES LES ESPÈCES,

Ouvrage théorique et essentiellement pratique,

**Approuvé et encouragé par M. le Ministre
de l'Agriculture,**

PAR GRESSENT,

Professeur d'Arboriculture,

*Membre titulaire de la Société impériale et centrale de France
et de plusieurs Sociétés savantes,*

*Inspecteur du Service des plantations de la ville d'Orléans,
chargé du Cours d'Arboriculture fondé par la ville d'Orléans et par le département du Loiret ; de l'enseignement
d'Horticulture à l'École municipale supérieure ; des Cultures arborescentes du Grand-Séminaire et de l'Hôpital
d'Orléans.*

L'ARBORICULTURE FRUITIÈRE comprend :

2e PARTIE — CULTURES SPÉCIALES.

———

CET OUVRAGE, ESSENTIELLEMENT PRATIQUE, met l'arboriculture à la portée de tous ; fournit à chacun les moyens de soigner les arbres fruitiers, et d'obtenir EN QUANTITÉ DES FRUITS MAGNIFIQUES.

GRESSENT,

PROFESSEUR D'ARBORICULTURE,

à PARIS et à ORLÉANS,

Inspecteur du service des plantations de la ville d'Orléans ; chargé du Cours d'Arboriculture fondé par le département du Loiret et la ville d'Orléans ; de l'enseignement d'Horticulture à l'École municipale supérieure ; des Cultures arborescentes du Grand-Séminaire et de l'Hôpital d'Orléans.

MAISON CENTRALE,

ÉCOLE FRUITIÈRE, PÉPINIÈRE & MATÉRIEL,

40, rue du Coq-Saint-Marceau,

A ORLÉANS,

Où toutes les demandes doivent être adressées.

Enseignement, Consultations,

Création de Jardins fruitiers, Expédition d'Arbres fruitiers et de tous les Objets nécessaires pour le Jardin fruitier.

ENSEIGNEMENT.

COURS D'ARBORICULTURE FRUITIÈRE

Théoriques et Pratiques,

EN 10 OU EN 20 LEÇONS,

Publics et gratuits.

A la charge des départements ou des villes,

DE 600 A 1000 FR., SUIVANT LA DISTANCE.

MM. les Préfets et les Maires devront pourvoir le Professeur d'une salle pour les leçons scientifiques et d'un jardin pour les leçons pratiques.

COURS PARTICULIERS,

EN 10 LEÇONS,

Pour les Séminaires et les Écoles,

DE 400 A 800 FR., SUIVANT LA DISTANCE.

COURS MIXTES,

EN 10 OU EN 20 LEÇONS,

Par souscription entre Propriétaires,

DE 600 À 1000 FR., SUIVANT LA DISTANCE.

Les souscripteurs ont droit aux places réservées ; les entrées sont publiques et gratuites hors des places réservées dans la salle donnée par la Mairie.

LEÇONS PARTICULIÈRES,

Dans le Jardin du Professeur,

UNE HEURE : 5 FR.

CONSULTATIONS

VERBALES : 5 francs.

ÉCRITES : 10 francs.

SUR LES LIEUX, de 4 à 12 kil. du domicile du professeur : 10 francs, plus le transport.

DE 20 à 80 KILOMÉTRES, sur une ligne de Chemin de Fer : 20 francs, plus le transport.

A DE GRANDE DISTANCES : 20 francs par jour, plus le transport.

CRÉATION

DE

JARDINS FRUITIERS.

Jardins fruitiers créés par le Professeur.

PLAN : de 40 à 100 francs, suivant son importance.

DÉFONCEMENTS : 20 cent. le mètre cube.

ARBRES SPÉCIAUX, greffes d'un an, déplantés avec toutes leurs racines : 60 francs le cent.

ENGRAIS, CHARPENTE, FER, FILS DE FER, RAIDISSEURS, INSTRUMENTS, etc., etc.: au prix du commerce en gros.

Vacation du Professeur pour tracé, plantations, etc. : 20 francs.

Journée de contre-maître : 4 francs.

Journées d'ouvriers : suivant le cours du pays.

Jardins fruitiers créés par les Propriétaires,

sous la direction de M. GRESSENT.

Envoyer au Professeur :

1º Un échantillon de terre prise à 40 centimètres de profondeur dans le terrain à planter ;

2º La configuration du terrain sur une échelle quelconque ;

3º Son orientation et son inclinaison ;

4º Quelques renseignements sur les cultures environnantes et sur la situation du terrain.

Pour un Jardin entier.

PLAN, avec une note de plantation indiquant la place de chaque arbre, y compris l'examen de la terre : de 50 à 150 francs, suivant son importance.

Expédition d'ARBRES SPÉCIAUX, déplantés avec toutes leurs racines, et choisis de manière à fournir des fruits en quantité égale pour *chacun des douze mois de l'année* : 60 francs le cent ; taillés par le Professeur et prêts à planter : 65 francs.

Expédition de tous les objets nécessaires pour le Jardin fruitier, au prix du commerce en gros.

Pour un petit Jardin ou une partie de Jardin.

Consultation écrite pour l'examen de la terre et les indications nécessaires : 10 francs.

Note de plantation indiquant la place que chaque arbre doit occuper : 10 francs.

Expédition d'arbres et des objets nécessaires, aux conditions ci-dessus.

EXPÉDITION

D'ARBRES FRUITIERS.

Arbres spéciaux, élevés dans les pépinières du professeur (greffes d'un an), déplantés avec toutes leurs racines et donnant des fruits la première année après la plantation : 60 francs le cent.

Taillés par le Professeur : 65 francs, livrés en gare d'Orléans.

On n'expédie pas moins de cent arbres.

SÉCATEURS AUBERT.

SAUVEGARDE DES ARBRES.

Nº 1, pour détruire les *pucerons verts et noirs.*

Nº 2, pour détruire les *chenilles* et les *charançons* (lisettes).

Nº 3, pour détruire le *puceron lanigère* et les *kermès.*

2 francs la bouteille.

MODE DE PAIEMENT.

Enseignement, consultations et livres expédiés
franco *par la poste, comptant.*

1º Pour les sommes de 25 à 100 francs, traite à 30 jours.

2º Pour les sommes de 100 à 200 francs, traite à 60 jours.

3º Pour les sommes de 200 à 500 francs, 2 p. 0/0 d'escompte comptant, ou traite à 90 jours.

4º Pour les sommes de 500 francs et au-dessus, 2 p. 0/0 d'escompte comptant, ou traite à 120 jours à partir de la fin du mois de la livraison.

Les abonnements à l'année pour l'entretien des Jardins, payables par année en deux fois, moitié en contractant l'engagement et moitié à la fin de l'année.

Tous les recouvrements se font par traites, aux époques indiquées ci-dessus, sans frais ni dérangements pour les personnes qui se font expédier.